Tribune publique. 21.

479\. [Tribune publique **19** page 71 lignes 20 et 21] lire: Edinb. Dublin philos. mag. (3) **37** (1850), p. 363; Papers 1, Cambridge 1904, p. 150, 209, 385.

G. A. Miller.

480\. [I_1 p. 79 ligne 25] (I 2, **13**) après: „substitution" ajouter en note: Une application au calcul des variations pour la détermination des constantes a été faite par *M. A. Stern*, Abh. Ges. Gött. math. 13 (1866/7), éd. 1868, p. 53/68 [1867].

M. Lecat.

481\. [I_1 p. 98 fin du texte] (I 2, **21**). Lorsqu'une suite de matrices carrées forme un groupe fini G, les matrices formées par les rapports des éléments des matrices envisagées forment un groupe qui est ou bien identique à G ou bien un groupe-quotient de G par rapport à un sous-groupe cyclique composé d'éléments invariants. Lorsque le déterminant de chacune des matrices envisagées est égal à 1, l'ordre du sous-groupe cyclique en question est un diviseur de l'ordre des matrices [cf. *G. A. Miller*, Quart. J. pure appl. math. 43 (1912), p. 217].

Comme conséquence immédiate de ce théorème, on peut observer que si une série de matrices constitue un groupe ne contenant aucun élément invariant (sauf l'élément identique), les matrices formées par les rapports des éléments des matrices envisagées doivent toujours constituer un seul et même groupe, quelle que soit la façon dont on forme ces rapports.

482\. [I_1 p. 551 ligne 21] (I 8, 8) ajouter: Ce théorème de *W. von Dyck* rentre comme cas particulier dans la proposition générale que voici: La condition nécessaire et suffisante pour que les conjugués d'un sous-groupe G_1 non invariant d'un groupe G soient transformés par G suivant un groupe de substitutions primitif est que le plus grand sous-groupe de G qui contient G_1 soit un sous-groupe maximé de G. Dans un groupe primitif de degré n et d'ordre composé, le sous-groupe formé par toutes les substitutions du groupe qui laissant une même lettre immobile est exactement de degré $n-1$. La condition nécessaire et suffisante pour que le sous-groupe du groupe transitif de degré n, formé par toutes les substitutions du groupe donné qui laissent une même lettre immobile soit précisément de degré $n-1$, est que ce sous-groupe ne soit pas invariant dans un plus grand sous-groupe du groupe transitif donné. Si le sous-groupe formé par toutes les substitutions d'un groupe transitif de degré n qui laissent une même lettre immobile, est précisément de degré $n-\alpha$, ce sous-groupe est un sous-groupe invariant d'indice α relativement à un sous-groupe du groupe transitif donné, mais il n'est pas invariant relativement à un sous-groupe plus grand. Si $\alpha = 1$, les conjugués de ce sous-groupe de degré $n-\alpha$ sont tranformés exactement comme les lettres du groupe; mais si $\alpha > 1$ il n'en est pas ainsi.

483. [I_1 p. 578 ligne 13] (I 8, **13**) ajouter: *M. Cipolla* appelle *sous-groupe fondamental* [Rendic. Accad. Napoli (3) 15 (1909), p. 44] tout sous-groupe formé par tous les éléments d'un groupe donné G qui sont commutatifs avec un même élément de G. Il dit de cet élément qu'il est un invariant proprement dit du sous-groupe fondamental. Et il appelle *sous-groupe fondamental abélien* de G chaque central des sous-groupes fondamentaux de G; en d'autres termes, le sous-groupe formé par tous les éléments invariants du sous-groupe fondamental est un sous groupe fondamental abélien de G. L'ensemble des éléments invariants proprement dits d'un même sous-groupe fondamental constitue un *système fondamental* du groupe G.

484. [I_1 p. 608 ligne 9] (I 8, **21**) ajouter: Le théorème d'après lequel tout sous-groupe d'ordre p^{m-1} contenu dans un groupe d'ordre p^m est invariant peut être envisagé comme un cas particulier du théorème que voici: Si G_1 et G_2 sont deux sous-groupes conjugués d'un groupe G, les éléments que G_1 et G_2 ont en commun forment un sous-groupe dont l'indice relativement à G_1 est toujours moindre que l'indice de G_1 relativement à G. Ce théorème général comprend évidemment aussi comme cas particulier le théorème bien connu d'après lequel tout sous-groupe d'indice 2 est invariant relativement à n'importe quel groupe.

485. [I_2 p. 276 ligne 2] (I 10, **23**). Au lieu de „invariant" lire „invariante".

486. [I_2 p. 10 ligne 5 en remontant] (I 15, **6** note 46) ajouter: *Chr. Goldbach* [Criteria quaedam aequationum, quarum nulla radix rationalis est, Commentarii Acad. Petrop. 6 (1732/3), p. 98] emploie le mot *congruence* dans le sens qu'on lui donne aujourd'hui dans la théorie des nombres [cf. *M. Cantor*, Vorles. Gesch. Math. 3, Leipzig 1901, p. 611]. **G. A. Miller.**

487. [I_3 p. 199 lignes 5 et 6] (I 16, **49**) lire: quelconque $> \frac{2}{3}$, est fini. Ce nombre croit d'ailleurs indéfiniment quand on fait tendre l vers $\frac{2}{3}$ par valeurs décroissantes. **P. Bachmann.**

488. [I_4 p. 501 ligne 10] (I 25, **6**). Aux théorèmes α) et β) mentionnés Tribune publique 20, **463** la théorie des risques moyens permet d'adjoindre la proposition suivante:

γ) Supposons que pour chacun des individus d'un groupe fictif d'assurés, on évalue la différence du capital de garantie (Deckungskapital) nécessaire pour constituer son assurance à l'instant actuel et de la réserve mathématique actuelle le concernant. La somme des carrés de ces différences est égale au produit du nombre d'individus du groupe fictif par le carré du risque moyen actuel de l'assurance envisagée. Le carré du risque moyen d'un groupe est d'ailleurs égal à la somme des carrés des risques moyens de chacune des assurances individuelles du groupe.

489. [I_4 p. 560 ligne 16] (I 25, **59**). Dans la formule

$$P_{x+1} - q_{x+1}$$

et id. ligne 17 dans la locution „sur la prime naturelle q_{x+1}" remplacer q_{x+1} par q_x. **G. Bohlmann.**

490. [II_1 p. 121 ligne 20] (II 2, **5**). Le théorème que *L. Zoretti* désigne sous le nom de „théorème de Cantor-Bendixson" appartient à *G. Cantor* et à *G. Cantor* seulement [cf. *G. Cantor*, Math. Ann. 21 (1883), p. 575; Acta math. 2 (1883), p. 409; Math. Ann. 23 (1884), p. 467/8]; dans ce dernier mémoire le théorème est non seulement énoncé mais encore explicitement démontré.

Tome IV, volume 5. **Fascicule 1.**

ENCYCLOPÉDIE
DES
SCIENCES MATHÉMATIQUES
PURES ET APPLIQUÉES

PUBLIÉE SOUS LES AUSPICES DES ACADÉMIES DES SCIENCES
DE GÖTTINGUE, DE LEIPZIG, DE MUNICH ET DE VIENNE
AVEC LA COLLABORATION DE NOMBREUX SAVANTS.

ÉDITION FRANÇAISE

RÉDIGÉE ET PUBLIÉE D'APRÈS L'ÉDITION ALLEMANDE SOUS LA DIRECTION DE

JULES MOLK,
PROFESSEUR À L'UNIVERSITÉ DE NANCY.

ET POUR CE QUI CONCERNE LA MÉCANIQUE SOUS LA DIRECTION SCIENTIFIQUE DE

PAUL APPELL,
PROFESSEUR À L'UNIVERSITÉ DE PARIS.

TOME IV (CINQUIÈME VOLUME),

SYSTÈMES DÉFORMABLES.

RÉDIGÉ DANS L'ÉDITION ALLEMANDE SOUS LA DIRECTION DE

F. KLEIN ET **C. H. MÜLLER**
PROFESSEUR À L'UNIVERSITÉ DE GÖTTINGUE — PROFESSEUR À L'UNIVERSITÉ TECHNIQUE DE HANOVRE

PARIS,
GAUTHIER-VILLARS

LEIPZIG,
B. G. TEUBNER

1912
(31 JUILLET)

Tome IV; cinquième volume; premier fascicule.

Sommaire.

Avis.

Dans l'édition française, on a cherché à reproduire dans leurs traits essentiels les articles de l'édition allemande; dans le mode d'exposition adopté, on a cependant largement tenu compte des traditions et des habitudes françaises.

Cette édition française offrira un caractère tout particulier par la collaboration de mathématiciens allemands et français. L'auteur de chaque article de l'édition allemande a, en effet, indiqué les modifications qu'il jugeait convenable d'introduire dans son article et, d'autre part, la rédaction française de chaque article a donné lieu à un échange de vues auquel ont pris part tous les intéressés; les additions dues plus particulièrement aux collaborateurs français sont mises entre deux astérisques. L'importance d'une telle collaboration, dont l'édition française de l'Encyclopédie offrira le premier exemple n'échappera à personne.

Fascicules sous presse:

Tome I, vol. 1: **Groupes finis discontinus,** fin (H. Burkhardt — H. Vogt). — **Additions et modifications.** — **Renseignements bibliographiques.** — **Index.**
Tome I, vol. 2: **Invariants,** fin (F. Meyer — J. Drach).
Tome I, vol. 3: **Applications de l'Analyse à la Théorie des nombres,** fin (P. Bachmann — J. Hadamard — E. Maillet). — **Corps algébriques** (D. Hilbert — H. Vogt).
Tome I, vol. 4: **Économie politique mathématique,** fin (V. Pareto).
Tome II, vol. 2: **Fonctions analytiques** (W. F. Osgood — P. Boutroux — J. Chazy).
Tome II, vol. 3: **Fonctions sphériques,** fin (A. Wangerin — A. Lambert — P. Appell).
Tome II, vol. 5: **Équations aux dérivées partielles** (E. von Weber — G. Floquet — E. Goursat). — **Groupes continus de transformations** (H. Burkhardt — L. Maurer — E. Vessiot).
Tome II, vol. 6: **Calcul des variations** (A. Kneser — E. Zermelo — H. Hahn — M. Lecat).
Tome III, vol. 1: **Notions de courbe et surface** fin (H. von Mangoldt — L. Zoretti). — **Méthodes analytiques et synthétiques** (G. Fano — S. Carrus).
Tome III, vol. 2: **Géométrie projective** (A. Schoenflies — A. Tresse). — **Configurations** (E. Steinitz — E. Merlin).
Tome III, vol. 3: **Coniques** (fin). **Faisceaux de coniques** (F. Dingeldey — E. Fabry).
Tome III, vol. 4: **Quadriques** (O. Staude — A. Grévy).
Tome IV, vol. 1: **Principes de la mécanique rationnelle** (A. Voss — E. Cosserat — F. Cosserat).
Tome IV, vol. 2: **Cinématique,** fin (A. Schoenflies — G. Koenigs). — **Statique graphique** (L. Henneberg — H. Vergne).
Tome IV, vol. 3: **Appareils physiques les plus simples** (Ph. Furtwängler — A. Guillet).
Tome IV, vol. 6: **Balistique extérieure** (C. Cranz — E. Vallier).
Tome IV, vol. 7: **Équations fondamentales de l'élasticité** (C. H. Müller — A. Timpe — L. Lecornu).
Tome V, vol. 1: **Mesure** (C. Runge — Ch. Ed. Guillaume).
Tome V, vol. 2: **Atomistique** (F. W. Hinrichsen — M. Joly — J. Roux).
Tome V, vol. 3: **Principes physiques de l'électricité; action à distance** (R. Reiff — A. Sommerfeld — E. Rothé).
Tome V, vol. 4: **Principes physiques de l'optique; anciennes théories** (A. Wangerin — C. Raveau.)
Tome VI, vol. 1: **Triangulation géodésique.** — **Mesure des bases et nivellement.** (P. Pizzetti — L. Noirel).
Tome VII, vol. 1: **Coordonnées absolues et relatives** (E. Anding — H. Bourget). — **Réfraction** (A. Bemporad — P. Puiseux).

I. Bendixson n'a démontré qu'un corollaire de ce théorème, savoir la proposition: Il existe un γ appartenant aux nombres de la classe (I) ou (II), tel que l'on ait

$$D(E, E_\gamma) = 0.``$$

Ce corollaire n'étant pas mentionné par *L. Zoretti* il n'y a absolument aucune raison de désigner ici le théorème cité sous le nom de Cantor-Bendixson.

491. [II_1 p. 124 lignes 40/2] (II 2, **7** note 36). Le théorème attribué ici à *H. Lebesgue* est dû à *G. Cantor.* C'est en effet une conséquence immédiate, obtenue par simple juxtaposition, de deux des premières propositions de *G. Cantor,* savoir que le continuum n'est pas dénombrable et que la puissance de l'ensemble des nombres de seconde classe est la première qui apparaisse après la puissance des nombres dénombrables. **H. Burkhardt et A. Rosenthal.**

492. [II_2 p. 38 ligne 20] (II 7, **10** note 105) au lieu de Comm. Acad. Petrop. lire Novi Comm. Acad. Petrop.

493. [II_2 p. 71 dernière ligne] (II 7, **19**) au lieu de

$$\text{coséch}\, z = \frac{1}{\text{séch}\, z} = i\, \text{cosé}c\, iz$$

lire:

$$\text{coséch}\, z = \frac{1}{\text{sh}\, z} = i\, \text{cosé}c\, iz.$$

J. Molk.

494. [II_6 p. 31 lignes 25 31] (II 26, **19**) ajouter: Une fonctionnelle U_f est continue dans l'ensemble E [n° **17**] si la différence

$$U_f - U_{f_n}$$

tend vers zéro quand f_n tend uniformément vers f dans l'intervalle (a, b). La fonctionnelle continue U_f est d'ordre n quand l'expression

$$U_{f_1+f_2+\cdots+f_{n+1}} - \Sigma U_{f_{i_1}+f_{i_2}+\cdots+f_{i_n}} + \Sigma U_{f_{i_1}+f_{i_2}+\cdots+f_{i_{n-1}}} - \cdots \\ + (-1)^n \Sigma U_{f_i} + (-1)^{n+1} U_0$$

est identiquement nulle. La fonctionnelle continue U_f d'ordre n est homogène quand

$$U_{cf}$$

est égale identiquement à

$$c^n U_f$$

quelle que soit la constante réelle c.

Une fonctionnelle homogène d'ordre 1 est ce que *J. Hadamard* appelle une opération linéaire.

Toute fonctionnelle d'ordre n est la somme de fonctionnelles homogènes d'ordre 0, 1, 2, ..., n.

Une fonctionnelle d'ordre n peut s'écrire, en généralisant le théorème de Riesz, sous forme d'intégrale multiple. Par exemple une fonctionnelle homogène d'ordre 2 pourra s'écrire [*M. Fréchet,* Ann. Éc. Norm. (3) 27 (1910), p. 193/216; C. R. Acad. sc. Paris 148 (1909), p. 155 6, 279/80]

$$U_f = \int_a^b f(x)\, d_x \int_a^b f(y)\, d_y u(x, y),$$

en indiquant par d_x, d_y que l'on prend l'intégrale au sens de *T. J. Stieltjes*, la variable étant x puis y; $u(x, y)$ désigne une fonction indépendante de $f(x)$.

Généralisation du théorème de Weierstrass aux fonctionnelles continues. De même qu'une fonction continue de x peut être développée en série de polynomes, de même *M. Fréchet* montre qu'une fonctionnelle continue peut être développée en série de fonctionnelles d'ordres entiers.

L'analogie se poursuit plus loin: la série est uniformément et absolument convergente dans tout ensemble compact de fonctions continues (de même que le développement de *K. Weierstrass* n'est en général uniformément convergent que dans tout intervalle limité ou encore dans tout ensemble compact de points).

Ici encore se retrouve ce fait que la propriété des intervalles qu'il y a lieu de généraliser dans le Calcul fonctionnel n'est pas de constituer un ensemble borné mais un ensemble compact, c'est-à-dire tel que de toute infinité d'éléments de l'ensemble, on puisse extraire une suite convergente.

Différentielle. On peut aussi [*M. Fréchet*, C. R Acad. sc. Paris 152 (1911), p. 845, 1050] généraliser la notion de différentielle. Une telle notion doit précéder logiquement celle de la dérivée (ou si l'on veut de la variation) d'une fonctionnelle introduite auparavant par *V. Volterra* et modifiée par *J. Hadamard*.

M. Fréchet.

☛ Toute rectification ou addition, se rapportant à l'édition française, adressée à J. Molk, 8 rue d'Alliance, Nancy, sera insérée, s'il y a lieu, avec mention du nom de son auteur, dans la Tribune publique.

Nancy, le 26 juillet 1912. **J. Molk.**

IV 16. NOTIONS GÉOMÉTRIQUES FONDAMENTALES.

EXPOSÉ, D'APRÈS L'ARTICLE ALLEMAND DE **M. ABRAHAM** (MILAN),
PAR **P. LANGEVIN** (PARIS).

Introduction.

1. Aperçu préliminaire sur les grandeurs géométriques de la physique et de la mécanique. Chacune des grandeurs qu'introduisent la mécanique et la physique est déterminée, quand on a choisi l'unité correspondante, par un certain nombre de paramètres: un seul paramètre quand il s'agit de mesurer la masse, l'énergie, ...; trois paramètres pour déterminer les composantes d'une force, d'une vitesse, d'une accélération, ...; six paramètres pour les dilatations et les glissements qui déterminent une déformation élastique, ... La nature géométrique d'une grandeur dépend d'ailleurs, non seulement du nombre de ses paramètres, mais encore de la manière dont ceux-ci se modifient quand on change le système d'axes coordonnés auxquels on la rapporte.

Pour les grandeurs étudiées ici, une simple translation du système d'axes ne produit aucun changement dans les paramètres qui les déterminent; par suite toute classification actuelle des grandeurs utilise seulement les transformations de coordonnées rectangulaires qui laissent l'origine immobile.

L'ensemble de ces transformations constitue un groupe qui comprend non seulement les *rotations* autour de l'origine, mais encore les *renversements* ou changements du sens positif des trois axes coordonnés. Un tel renversement correspond au passage d'un système d'axes usité en géométrie analytique dans l'espace à un système d'axes usité en astronomie et inversement; il correspond à un changement du sens de rotation considéré comme positif [cf. IV 4, 9]. Le groupe de transformations ainsi défini comprend évidemment aussi les *mirages* du système d'axes dans un plan quelconque passant par l'origine puisqu'un tel mirage peut s'obtenir par un renversement suivi d'une rotation d'un demi-tour autour d'un axe normal au plan du mirage.

Le choix du sens positif de rotation intervient dans la mesure de certaines grandeurs, comme la rotation d'un certain angle autour d'un axe, la vitesse angulaire, le moment d'un couple, etc. Pour d'autres grandeurs au contraire, comme la masse, l'énergie, la vitesse, la force, etc., la mesure est obtenue indépendamment de toute convention sur le sens positif de rotation. Cette distinction interviendra pour déterminer la manière dont se comportent les paramètres d'une grandeur dans un renversement des axes coordonnés, qui change le sens positif des rotations. Par exemple les composantes d'une force ou d'une vitesse changent de signe dans un renversement d'axes, puisque le sens de la grandeur projetée ne change pas; au contraire les composantes d'un couple ou d'une vitesse angulaire ne sont pas modifiées par un renversement qui change à la fois le sens de la droite qui représente la grandeur et le sens positif sur chacun des trois axes.

La manière dont se comportent, par rapport au groupe des transformations de coordonnées, les paramètres d'une grandeur détermine la classe à laquelle cette grandeur appartient[1]). La répartition des grandeurs de la mécanique et de la physique entre les diverses classes est d'importance fondamentale, car l'égalité ne peut exister qu'entre des grandeurs appartenant à une même classe; on ne peut combiner par addition ou soustraction que des grandeurs d'une même classe. Il y a là une homogénéité particulière qui se superpose à celle qui est envisagée d'habitude; cette dernière fait intervenir seulement la manière dont se comportent les paramètres quand on modifie le système des unités fondamentales, sans changement des axes coordonnés.

La nature physique des grandeurs intervient aussi en physique cristalline, dans ses relations avec la symétrie des milieux cristallisés [n° 22]. On peut, en effet, remarquer qu'à chaque classe de grandeurs correspond un groupe de symétrie particulier[2]): c'est le groupe des opérations de symétrie autour d'un point (répétitions autour d'un axe, mirage, etc.) qui superposent à lui-même un champ uniforme de la grandeur considérée. La connaissance de ce groupe suffit à déterminer la classe d'une grandeur; cette définition de la classe présente sur la

1) La classification à ce point de vue des grandeurs de la physique et de la mécanique ne semble pas avoir été généralement introduite, mais *F. Klein* et *P. Curie*, par exemple, y ont insisté dans leurs leçons. Dans un travail de *W. Voigt* [Nachr. Ges. Gött. 1900, math. p. 355/79] ce principe est également appliqué.

2) *P. Curie*, J. phys. théor. appl. (3) 3 (1894), p. 393 et suiv.; Œuvres, Paris 1908, p. 118 et suiv.

précédente l'avantage de ne pas faire intervenir les axes de référence. Pour une grandeur comme la température d'un milieu, la densité, l'énergie, ce groupe est celui des milieux complètement isotropes et comprend l'ensemble de toutes les rotations autour d'axes quelconques et de tous les mirages; pour la force, la vitesse, le champ électrique, etc., le groupe contient toutes les rotations autour d'une direction particulière, celle de la grandeur dirigée, et tous les mirages dans des plans passant par cette direction: c'est le groupe de symétrie du tronc de cône; pour d'autres quantités dirigées, comme la vitesse angulaire, le champ magnétique, etc., le groupe comprend toutes les rotations autour de la direction particulière à la grandeur, le mirage dans un plan perpendiculaire à cette direction et par suite la symétrie par rapport à un centre: c'est le groupe du cylindre tournant; une déformation élastique pure, sans rotation, ne possède en général que la symétrie binaire par rapport à trois axes rectangulaires dirigés suivant les dilatations principales, la symétrie par mirage dans les trois plans passant par ces axes, et par suite la symétrie par rapport à un centre: c'est le groupe orthorhombique. L'importance de cette notion résulte du fait que la propriété mesurée par une grandeur ne peut se présenter comme effet que dans un milieu dont la symétrie est au plus égale à celle de cette grandeur, c'est-à-dire que si le groupe de symétrie de ce milieu, sous-groupe commun aux groupes de toutes les causes qu'on y fait agir, appartient en même temps comme sous-groupe au groupe de symétrie de la grandeur cherchée [n° 22].

Nous aurons, à propos de chaque classe de grandeurs, à déterminer le groupe de symétrie qui lui correspond.

Il est important de traduire les différences que nous allons examiner entre les classes de grandeurs au moyen d'un système convenable de notations assujetti aux conditions suivantes:

1°) Il est nécessaire d'employer pour les *diverses* classes de grandeurs des signes *différents* faciles à distinguer au premier coup d'œil et rappelant autant que possible les propriétés de la grandeur représentée.

2°) Il faut faire en sorte que ces signes soient d'éxécution facile en typographie comme dans l'écriture sur le papier ou au tableau, et qu'ils n'immobilisent pas les caractères ordinaires.

3°) Les symboles d'opérations doivent respecter autant que possible les analogies entre les divers algorithmes et ne doivent pas immobiliser des signes d'emploi constant comme les parenthèses ou les crochets.

4°) Enfin il est nécessaire d'employer une terminologie simple et ne prêtant à aucune confusion.

Les propositions faites à ce sujet sont nombreuses et varient beaucoup d'un auteur à l'autre; nous rappellerons les principales. Nous emploierons en principe ici celle que *P. Curie* avait établie pour son enseignement et qu'ont acceptée un certain nombre de mathématiciens et de physiciens, en particulier *P. Appell, J. Hadamard, P. Painlevé* et *P. Langevin.*

Il y a enfin une différence essentielle entre les grandeurs qui interviennent dans la mécanique des *solides* et celles qu'on utilise dans la mécanique des *corps déformables* ou dans la physique mathématique. Alors que le mouvement de *tous* les points d'un corps solide est entièrement déterminé par six paramètres, les composantes d'un *visseur* [IV 4, 26], dans les milieux continus, les grandeurs qui déterminent l'état mécanique et physique du milieu peuvent dans une certaine mesure être choisies d'une manière indépendante pour les différents points. Ce sont par conséquent ici les *champs* des grandeurs dont la théorie devient importante.

Un domaine est appelé „champ" d'une grandeur[3]) lorsqu'à chaque point du domaine considéré correspond une valeur déterminée de la grandeur (un système déterminé de valeurs des paramètres qui la définissent) en général variable d'une manière continue avec la position du point. Les valeurs de la grandeur en différents points du champ ne satisfont en général à aucune relation exprimée par des équations entre ses paramètres ou composantes.

2. Scalaires purs et pseudo-scalaires. Quand une grandeur est telle (masse, énergie, volume, etc.) qu'un seul paramètre, connu par sa mesure et ses dimensions[4]), suffit à la représenter, on l'appelle généralement aujourd'hui une grandeur *scalaire*[5]) ou un scalaire; la mesure d'un scalaire indique combien de fois il contient un scalaire de même espèce choisi pour unité et ses dimensions montrent comment varie cette unité quand on modifie les unités fondamentales, masse, longueur et temps, par exemple [Sur les dimensions et les systèmes absolus d'unités voir l'article V 1].

---

3) *W. Thomson*, London Edinb. Dublin philos. mag. (4) 1 (1851), p. 179; Reprint of papers on electrostatics and magnetism, Londres 1872, p. 467.

4) *J. B. J. Fourier*, Théorie analytique de la chaleur, Paris 1822, p. 154/8; Œuvres 1, Paris 1888, p. 137/40.

5) *W. R. Hamilton*, Lectures on quaternions, Dublin. 1853, p. 58. Voir aussi Elements of quaternions, Londres 1866, p. 10 (œuvre posth.); (2e éd.), publ. par *Ch. J. Joly* 1, Londres 1899, p. 11; trad. allemande par *P. Glan* 1, Leipzig 1882, p. 14.

Certains scalaires n'exigent pas dans la définition de leur mesure le choix d'un sens positif de rotation (température, masse, énergie, etc.); cette mesure reste donc invariable dans toutes les transformations de coordonnées, rotations et renversements. Nous appellerons ces grandeurs des *scalaires purs* et nous les représenterons par une lettre quelconque, sans signe particulier.

Le champ uniforme et indéfini d'un scalaire pur, c'est-à-dire en tous les points duquel ce scalaire prend la même valeur, possède le groupe de symétrie le plus étendu, celui des milieux isotropes, le groupe de la sphère. La production d'un effet représenté par une grandeur de ce genre (changement de température, variation d'énergie interne ou potentielle, etc.) est donc possible dans un milieu *quelconque*, quelque élevée que soit sa symétrie.

La mesure d'autres grandeurs scalaires fait intervenir au contraire le choix d'une rotation positive, comme, par exemple, le pouvoir rotatoire d'un liquide actif, l'angle solide sous lequel on voit d'un point une surface limitée à un contour dont le sens de parcours est donné, puisque cet angle solide est positif du côté où l'on voit le parcours s'effectuer dans le sens positif, le volume d'un parallélépipède dont les arêtes ont pour projections sur les axes

$$(a_x, a_y, a_z) \quad (b_x, b_y, b_z) \quad (c_x, c_y, c_z)$$

lorsque ce volume est représenté par le déterminant

$$\begin{vmatrix} a_x & a_y & a_z \\ b_x & b_y & b_z \\ c_x & c_x & c_z \end{vmatrix}$$

positif ou négatif suivant que le trièdre des arêtes *a*, *b*, *c* est de sens identique ou opposé à celui des axes de référence.

La mesure changeant de signe pour toutes ces grandeurs quand on change le sens positif de rotation, elle change son signe dans un renversement des axes, mais le conserve dans une rotation. Nous appellerons *pseudo-scalaires* les grandeurs de cette classe et nous représenterons leur mesure par une lettre pointée en-dessous, comme un pouvoir rotatoire

$$\underset{\cdot}{\alpha}.$$

Le groupe de symétrie du champ uniforme d'un pseudo-scalaire, ou, par abréviation, le groupe de symétrie d'un pseudo-scalaire, comprend donc toutes les rotations, mais aucun mirage. C'est le sous-groupe holoaxe du groupe sphérique, celui par exemple d'une sphère remplie d'un liquide doué du pouvoir rotatoire[2]). La production d'un effet représenté par une grandeur de ce genre (le pouvoir rotatoire, par exemple) n'est donc possible que dans un milieu dépourvu de symétrie par mirage.

Les mesures de scalaires purs et de pseudo-scalaires se prêtent à l'application de toutes les règles de l'algèbre, à condition de n'ajouter ou retrancher que des scalaires de même classe, et de remarquer que *le produit ou le quotient de deux scalaires de même classe est un scalaire pur, tandis que le produit ou le quotient de deux scalaires de classes différentes est un pseudo-scalaire.*

A côté de ces grandeurs scalaires ou algébriques, interviennent aussi des *grandeurs géométriques*, c'est-à-dire telles qu'elles possèdent une orientation déterminée dans l'espace. Dans la mécanique des corps solides on s'est déjà servi de *vecteurs*; d'autres grandeurs dirigées, les *tenseurs*, sont particulièrement utiles dans la mécanique des milieux continus et en physique mathématique [n° **18**].

Analyse vectorielle.

3. Vecteurs polaires. Une grandeur de cette classe[6]) [IV 4, **13**] est déterminée en valeur absolue, direction et sens par une droite qui va d'un point P à un autre point Q, sans que le choix du sens positif de rotation influe sur le sens de cette droite; tel est le cas en mécanique pour la vitesse ou la force.

Il ne saurait être question pour représenter un tel vecteur des notations

$$PQ \text{ ou } Q - P$$

employées en géométrie[7]). Il est nécessaire pour la simplicité des équations, d'employer une seule lettre pour chaque vecteur; beaucoup d'auteurs réservent à cet usage les caractères germaniques ou gothiques[8]) ou des caractères gras[9]). Ce procédé, en dehors de l'incon-

6) *W. R. Hamilton*, Lectures on quaternions[5]), p. 16; Elements of quaternions 1, p. 1.

7) *H. Grassmann*, Die lineale Ausdehnungslehre, Leipzig 1844, p. 139; (2e éd.) Leipzig 1878, p. 139, 284; Werke 1[1], publ. par *F. Engel*, Leipzig 1894, p. 165/303; *W. R. Hamilton*, Lectures on quaternions[5]), p. 16; Elements of quaternions 1, p. 1.

8) *J. Clerk Maxwell*, Treatise on electricity and magnetism, (1re éd.) Londres 1873, p. 10; trad. par *G. Seligmann-Lui*, Traité d'électricité et de magnétisme 1, Paris 1885, p. 11; *H. A. Lorentz*, Encyclopédie [V 13 et 14]; *M. Abraham* et *A. Föppl*, Theorie der Elektrizität 1, Leipzig 1904, p. 6; *A. H. Bucherer*, Elemente der Vektor-Analysis, Leipzig 1905, p. 1; *R. Gans*, Einführung in die Vektoranalysis, Leipzig 1905, p. 3.

9) *O. Heaviside*, London Edinb. Dublin philos. mag. (5) 22 (1886), p. 123;

vénient qu'il a d'introduire des types difficiles à reproduire dans l'écriture courante, ne traduit pas la différence entre les deux classes de grandeurs vectorielles, polaires et axiales, que nous allons avoir à distinguer.

Nous adopterons, pour la classe dont il s'agit ici, une lettre quelconque surmontée d'une flèche

$$\vec{a},$$

la même lettre a servant à représenter la longueur du vecteur, dont les projections sur les axes coordonnés seront a_x, a_y, a_z.

La projection du vecteur envisagé sur une direction quelconque l sera, plus généralement, désignée par

$$a_l.$$

En particulier si sur le support d'un vecteur $\vec{a}$ on fixe un axe S, le nombre qui sur cet axe mesure le vecteur $\vec{a}$ sera désigné par

$$a_s.$$

Il est souvent utile de faire intervenir le *vecteur unité* correspondant à un vecteur donné, c'est-à-dire un vecteur de longueur unité parallèle au vecteur donné; comme a^0 est en algèbre toujours égal à l'unité, nous proposons la notation $\vec{a}^0$ pour le vecteur unité correspondant à $\vec{a}$.

Les composantes a_x, a_y, a_z correspondent aux projections de la droite PQ sur les axes; elles se transforment donc, quand on modifie les axes coordonnés, par la substitution orthogonale suivante:

$$(1)\qquad \begin{aligned} a_{x'} &= \alpha_1 a_x + \beta_1 a_y + \gamma_1 a_z, \\ a_{y'} &= \alpha_2 a_x + \beta_2 a_y + \gamma_2 a_z, \\ a_{z'} &= \alpha_3 a_x + \beta_3 a_y + \gamma_3 a_z; \end{aligned}$$

dont les 9 coefficients sont les cosinus des angles que les nouveaux axes (x', y', z') forment avec les anciens (x, y, z).

L'expression

$$(1')\qquad a_x^2 + a_y^2 + a_z^2$$

est égale au carré a^2 de la longueur du vecteur $\vec{a}$; c'est un scalaire, c'est-à-dire qu'elle est un invariant de la transformation de coordonnées[10]). De la même manière, la combinaison suivante des compo-

---

Electromagnetic theory 1, Londres 1894, p. 139; *J. W. Gibbs*, Vector-analysis (publ. par *E. B. Willson*), New York et Londres 1902, p. 4.

10) La longueur a de la droite qui représente le vecteur $\vec{a}$ se nomme dans la théorie des quaternions le „tenseur" de $\vec{a}$. Nous emploierons ici le mot *tenseur* dans un sens différent [n° **18**].

santes des vecteurs $\vec{a}$ et $\vec{b}$ est une grandeur scalaire:

$$a_x b_x + a_y b_y + a_z b_z . \tag{2}$$

Géométriquement, l'expression (2) représente le produit des longueurs des deux vecteurs et du cosinus de l'angle de leurs directions

$$ab \cos (a, b).$$

H. Grassmann[11]) nomme la grandeur (2) le *produit intérieur* des deux „droites" et l'écrit symboliquement $[a|b]$; *W. R. Hamilton*[12]) la considère comme la partie scalaire changée de signe du produit quaternion des deux vecteurs et la représente par

$$- S ab;$$

---

11) Die lineale Ausdehnungslehre, Leipzig 1844; Die Ausdehnungslehre, Berlin 1862, p. 107; Werke[7]), 1^1, Leipzig 1894; 1^2, Leipzig 1896, p. 112. Cf. IV 4, 8.

12) London Edinb. Dublin philos. mag. 25 (1844), p. 490. Les ouvrages plus étendus sont: Lectures on quaternions[6]); Elements of quaternions[5]); *P. G. Tait,* An elementary treatise on quaternions, (1re éd.) Oxford 1867; (2e éd.) Cambridge 1873; (3e éd.) Cambridge 1890; trad. par *G. Plarr* 1, Paris 1882.

La théorie des quaternions représente le vecteur $\vec{a}$ par

$$a_x i + a_y j + a_z k;$$

i, j, k sont des imaginaires correspondant aux trois axes de coordonnées et soumises aux règles de calcul suivantes:

$$i \cdot i = j \cdot j = k \cdot k = -1;$$
$$i \cdot j = -j \cdot i = k, \quad jk = -kj = i, \quad ki = -ik = j.$$

Il résulte de là que le produit de deux vecteurs est un quaternion, c'est-à-dire la réunion d'un scalaire et d'un vecteur. La partie scalaire est notre *produit scalaire* changé de signe, et la partie vectorielle est notre *produit vectoriel* ou le *complément* (*Ergänzung*) dans la théorie de *H. Grassmann* [*H. Grassmann junior,* Math. Ann. 12 (1877), p. 378]. Dans la théorie des vecteurs [*J. W. Gibbs* Vector-analysis[9]), p. 21] on représente également $\vec{a}$ par la même expression (en employant toutefois pour $\vec{a}$ et pour les coefficients de i, j, k des caractères *gras*)

$$a_x \mathbf{i} + a_y \mathbf{j} + a_z \mathbf{k},$$

où $\mathbf{i}$, $\mathbf{j}$, $\mathbf{k}$ sont des vecteurs unités parallèles aux axes et dont les *produits scalaires* sont

$$\mathbf{i} \cdot \mathbf{i} = \mathbf{j} \cdot \mathbf{j} = \mathbf{k} \cdot \mathbf{k} = 1,$$
$$\mathbf{i} \cdot \mathbf{j} = \mathbf{j} \cdot \mathbf{k} = \mathbf{k} \cdot \mathbf{i} = 0,$$

tandis que les produits vectoriels sont

$$\mathbf{i} \times \mathbf{i} = \mathbf{j} \times \mathbf{j} = \mathbf{k} \times \mathbf{k} = 0;$$
$$\mathbf{i} \times \mathbf{j} = -\mathbf{j} \times \mathbf{i} = \mathbf{k},$$
$$\mathbf{j} \times \mathbf{k} = -\mathbf{k} \times \mathbf{j} = \mathbf{i},$$
$$\mathbf{k} \times \mathbf{i} = -\mathbf{i} \times \mathbf{k} = \mathbf{j}.$$

J. W. Gibbs[13]) emploie la notation $a \cdot b$; *O. Heaviside*[14]) écrit ab. Nous utiliserons cette dernière notation qui est la plus simple et ne prête à aucune confusion sous la forme

$$\vec{a}\vec{b} \text{ ou } \vec{a}\cdot\vec{b},$$

et nous lui donnerons le nom fréquemment employé de *produit scalaire* des vecteurs $\vec{a}$ et $\vec{b}$.

M. Abraham et *A. Föppl*[15]) emploient également la notation ab; *C. Burali-Forti* et *R. Marcolongo*[16]) proposent $a \times b$.

Les propriétés du produit scalaire se déduisent immédiatement de sa définition; il est, comme le produit algébrique, commutatif et distributif. La notation employée rappelle complètement ces analogies. L'opération n'est pas associative puisque $\vec{a}\,\vec{b}\,\vec{c}$ sous la forme $(\vec{a}\,\vec{b})\,\vec{c}$ est un vecteur parallèle à $\vec{c}$ tandis que $\vec{a}\,(\vec{b}\,\vec{c})$ est un vecteur parallèle à $\vec{a}$, étant le produit de $\vec{a}$ par le scalaire $(\vec{b}\,\vec{c})$.

Si a_x, a_y, a_z sont les composantes d'un vecteur, et si l'expression (2) *est un scalaire, b_x, b_y, b_z sont aussi des composantes de vecteur*[17]).

De l'invariance de (2) il résulte d'abord que les grandeurs b_x, b_y, b_z subissent la transformation

$$\begin{aligned} b_x &= \alpha_1 b_{x'} + \alpha_2 b_{y'} + \alpha_3 b_{z'}, \\ b_y &= \beta_1 b_{x'} + \beta_2 b_{y'} + \beta_3 b_{z'}, \\ b_z &= \gamma_1 b_{x'} + \gamma_2 b_{y'} + \gamma_3 b_{z'}. \end{aligned}$$

Les coefficients de cette substitution qui relie les anciennes valeurs (b_x, b_y, b_z) aux nouvelles $(b_{x'}, b_{y'}, b_{z'})$ s'obtiennent à partir des coefficients de la substitution (1) par permutation des lignes verticales et horizontales; dans le langage de la théorie des invariants, on exprime cette relation en disant que les variables (b_x, b_y, b_z) sont *contragrédientes* aux variables (a_x, a_y, a_z).

Deux systèmes de variables qui sont contragrédientes à un même troisième sont évidemment *cogrédientes* entre elles, c'est-à-dire se transforment de la même manière par un changement des coordonnées.

Par suite de l'invariance des expressions (1') et (2), les variables

---

13) Vector-analysis[9]), p. 55 et suiv.

14) Electrom.[9]) 1, p. 149.

15) Elektrizität[8]) 1, p. 13.

16) Rend. Circ. mat. Palermo 23 (1907), p. 324; Elementi di calcolo vettoriale, Bologne 1909, p. 31; trad. par *S. Lattès,* Eléments de calcul vectoriel, Paris 1910, p. 31.

17) *H. Burkhardt,* Math. Ann. 43 (1893), p. 197.

(a_x, a_y, a_z) et (b_x, b_y, b_z) sont contragrédientes à (a_x, a_y, a_z) et sont donc cogrédientes; les variables (b_x, b_y, b_z) sont donc aussi des composantes de vecteur.

L'existence dans un milieu de la propriété représentée par le vecteur $\vec{a}$ (champ électrique, vitesse, etc.) implique en général la présence dans ce milieu d'une quantité d'énergie E (énergie électrique, énergie cinétique, etc.) dont l'accroissement dE est égal au travail à fournir pour produire un accroissement da_x, da_y, da_z des composantes du vecteur. Comme le travail est toujours un scalaire, il en résulte

$$dE = \frac{\partial E}{\partial a_x} da_x + \frac{\partial E}{\partial a_y} da_y + \frac{\partial E}{\partial a_z} da_z,$$

où $\frac{\partial E}{\partial a_x}, \frac{\partial E}{\partial a_y}, \frac{\partial E}{\partial a_z}$, d'après ce qui vient d'être démontré, sont les composantes d'un vecteur.

Pour un renversement des axes coordonnés, les composantes d'un vecteur de la classe considérée jusqu'ici se modifient, d'après (1), en changeant toutes les trois de signe. Si nous voulons mettre en évidence cette propriété, nous désignerons dorénavant $\vec{a}$ comme un *vecteur polaire*, c'est-à-dire de même nature que le rayon vecteur issu d'un pôle.

Nous avons déjà rappelé que le groupe de symétrie d'un semblable vecteur est celui d'un tronc de cône circulaire d'axe parallèle au vecteur [n° **1**]. Il en résulte que les trois composantes du vecteur *conservent les mêmes valeurs* pour une rotation quelconque du système d'axes autour de la direction du vecteur et pour un mirage dans un plan passant par cette direction. Le changement de signe par renversement des axes correspond à l'absence de centre dans le groupe de symétrie du vecteur polaire. Le groupe des transformations de coordonnées que nous venons d'indiquer est, dans le groupe général des transformations d'axes, le sous-groupe qui laisse invariantes les coordonnées d'un vecteur polaire.

4. Vecteurs axiaux[18]). Les vecteurs axiaux sont déjà intervenus [cf. IV 4, 22] comme représentant les couples appliqués aux corps solides. Leur représentation par une droite dirigée suppose qu'on a fait choix d'un sens positif de rotation, et le sens de cette droite dirigée change avec le choix de ce sens positif de rotation, de sorte que les composantes d'un couple se conservent dans un renversement d'axes. Nous avons indiqué que le groupe de symétrie d'un tel vecteur est

18) *W. Voigt*, Compendium der theoretischen Physik 2, Leipzig 1896, p. 418/801; Die fundamentalen physikalischen Eigenschaften der Krystalle, Leipzig 1898, p. 18.

celui d'un cylindre à base circulaire tournant autour de son axe supposé parallèle au vecteur [n° 1]. Les transformations de coordonnées qui laissent invariables les composantes d'un vecteur de ce genre sont les rotations d'un angle quelconque autour de la direction du vecteur, les mirages dans un plan perpendiculaire à cette direction et les renversements; à ce dernier fait correspond l'existence d'un centre dans la symétrie du vecteur. Le groupe de ces transformations est, dans le groupe général des transformations d'axes, le sous-groupe qui laisse invariantes les composantes d'un tel vecteur auquel nous donnerons le nom de *vecteur axial* pour rappeler son analogie avec une rotation autour d'un axe.

Les vecteurs axiaux se comportent comme les vecteurs polaires pour une rotation des axes de coordonnées, et en diffèrent par ceci que leurs composantes conservent leur signe dans un renversement du sens des axes, tandis que les composantes d'un vecteur polaire changent de signe.

La représentation d'un vecteur axial par une droite dirigée n'est pas entièrement adéquate; il vaudrait mieux le représenter par une flèche circulaire tournant dans un sens convenable et située dans un plan perpendiculaire à la direction du vecteur. Nous appellerons souvent ce plan le *plan du vecteur* axial, et nous proposons pour représenter un tel vecteur le symbole

$$\overset{\curvearrowright}{a}.$$

On obtient les composantes d'un vecteur axial par les combinaisons suivantes des composantes de deux vecteurs polaires $\vec{a}$ et $\vec{b}$:

$$p_x = a_y b_z - a_z b_y, \quad p_y = a_z b_x - a_x b_z, \quad p_z = a_x b_y - a_y b_x. \tag{3}$$

Ces composantes représentent les projections sur les plans coordonnés du parallélogramme construit sur les droites a et b; elles déterminent ce parallélogramme en surface, direction de plan et sens de parcours qui est celui des côtés $\vec{a}$ et $\vec{b}$ dans l'ordre a, b.

H. Grassmann[19]) nomme ce vecteur $\overset{\curvearrowright}{p}$ le *produit extérieur* des deux droites a et b et l'écrit symboliquement $[ab]$; *H. A. Lorentz* et la plupart des auteurs allemands[8]) se conforment à cette notation qui a l'inconvénient d'immobiliser les crochets ou de prêter à confusion; *W. R. Hamilton*[12]) le considère comme la partie vectorielle $\mathrm{V}ab$ du

19) *H. Grassmann* [Die lineale Ausdehnungslehre, Leipzig 1844, p. 163; Werke[7]) 1^1, p. 189] nomme un parallélogramme lié à son plan une „grandeur planaire" („Plangrösse"). Pour celui qui peut se déplacer librement dans l'espace par translation ou rotation autour d'une perpendiculaire à son plan, il n'emploie pas de terme particulier.

produit quaternion des deux vecteurs; *B. de Saint-Venant*[20]) le nomme *produit géométrique*; *J. W. Gibbs*[13]) l'écrit $a \times b$, *O. Heaviside*[21]) $V\,ab$; ce dernier auteur l'appelle *produit vectoriel*. Nous adopterons ici cette terminologie ainsi que le symbole de *J. W. Gibbs* $\vec{a} \times \vec{b}$ qui utilise le signe $\times$ généralement négligé en algèbre. *C. Burali-Forti* et *R. Marcolongo*[22]) proposent $a \wedge b$.

Tant qu'on ne fait pas intervenir de renversement d'axes, on peut représenter un parallélogramme par une droite perpendiculaire à son plan et dont la longueur est proportionnelle à la surface du parallélogramme; c'est le *complément* (*Ergänzung*) du parallélogramme de *H. Grassmann*[19]). Mais tandis que le parallélogramme, comme surface, direction et sens de parcours, reste identique à lui-même par mirage dans son propre plan, la droite représentative change de sens et n'en fournit pas un symbole exact.

Dans la théorie des quaternions et dans le développement ultérieur de l'analyse vectorielle, on ne tient aucun compte de cette différence. Le premier, *A. N. Whitehead*[23]) distingue systématiquement, dans son exposition du calcul des vecteurs, les droites dirigées et les parallélogrammes pourvus d'un sens de parcours. En même temps, l'importance de cette distinction fut reconnue par les physiciens. *J. C. Maxwell*[24]) désigna ces deux catégories de grandeurs dirigées par les noms de vecteurs *translatoires* et *rotatoires* en remarquant que les rotations infiniment petites appartiennent à cette dernière catégorie [n° **16**].

P. Curie[2]) et *E. Wiechert*[25]) ont récemment insisté sur la nécessité

20) *B. de Saint-Venant* [C. R. Acad. sc. Paris 21 (1845), p. 620] semble être arrivé à cette conception indépendamment de *H. Grassmann* et *W. R. Hamilton.*

21) Electrical papers 2, Londres 1892, p. 5; Electrom.[9]) 1, p. 157 et suiv. (chap. 3); *A. Föppl* [Vorlesungen über technische Mechanik 1, Leipzig 1898, p. 82; Einführung in die Maxwellsche Theorie der Elektricität, Leipzig 1894, p. 15] suit *O. Heaviside.* Les systèmes de *J. W. Gibbs* et *O. Heaviside* qui évitent la complication du produit quaternion ont été défendus par leurs auteurs dans les colonnes du journal „Nature" contre les *quaternionnistes* orthodoxes [tels que *P. G. Tait* et *A. Mc Aulay*]; voir à ce sujet: Nature 43 (1890/1), p. 511, 608; 44 (1891), p. 79; 47 (1892/3), p. 151, 225, 463, 533; 48 (1893), p. 364.

22) Rend. Circ. mat. Palermo. 24 (1907), p. 78; Calcolo vettoriale[16]), p. 28; Calcul vectoriel[46]), p. 28; en ce qui concerne les notations usitées dans la théorie des vecteurs, voir les notes II et III de cet ouvrage, p. 216/22.

23) A treatise on universal algebra, Cambridge 1898, p. 548 (livre 7, chap. 4).

24) Treatise on electricity[6]) 1, p. 13; Traité d'électricité 1, p. 13; Proc. London math. Soc. 3 (1869/71), p. 224/32; Papers 2, Cambridge 1890, p. 257.

25) Schriften phys.-ökon. Ges. Königsberg 37 (1896) Abh., p. 6; Ann. Phys. und Chemie, Dritte Folge 59 (1896), p. 287.

de séparer ces deux classes de grandeurs. Ce dernier savant les nomme „Vektoren“ et „Rotoren“ tandis que *W. Voigt*[16]) les appelle vecteurs „polaires“ et „axiaux“. Nous utilisons ici ce dernier mode de dénomination. On a reconnu que le champ électrique appartient à la classe des vecteurs polaires et le champ magnétique à celle des vecteurs axiaux [n° 23].

De la définition du produit vectoriel il résulte immédiatement que cette opération est distributive mais n'est ni commutative ni associative. En effet les deux produits $\vec{a} \times \vec{b}$ et $\vec{b} \times \vec{a}$, où les sens de succession des deux vecteurs sont différents, correspondent à des sens de parcours opposés du parallélogramme construit sur ces vecteurs et ont par conséquent des signes opposés

$$\vec{a} \times \vec{b} = -\vec{b} \times \vec{a}.$$

Le *produit de trois vecteurs* $(\vec{a} \times \vec{b})\vec{c}$ ou simplement

$$\vec{a} \times \vec{b} \cdot \vec{c} = \vec{b} \times \vec{c} \cdot \vec{a} = \vec{c} \times \vec{a} \cdot \vec{b} = -\vec{a} \times \vec{c} \cdot \vec{b} = -\vec{c} \times \vec{b} \cdot \vec{a}$$
$$= -\vec{b} \times \vec{a} \cdot \vec{c} = \vec{a}(\vec{b} \times \vec{c}), \quad \text{etc.}$$

est un pseudoscalaire qui représente le volume du parallélépipède ayant pour arêtes les trois droites a, b, c.

La multiplication vectorielle n'est pas associative. On démontre en effet facilement la formule importante

$$(\vec{a} \times \vec{b}) \times \vec{c} = (\vec{b}\,\vec{c})\,\vec{a} - (\vec{a}\,\vec{c})\,\vec{b},$$

c'est-à-dire que le premier membre représente un vecteur situé dans le plan de $\vec{a}$ et de $\vec{b}$, tandis que

$$\vec{a} \times (\vec{b} \times \vec{c}) = (\vec{a}\,\vec{b})\,\vec{c} - (\vec{a}\,\vec{c})\,\vec{b}$$

est un vecteur situé dans le plan de b et de c.

Une autre formule importante est

$$(\vec{a} \times \vec{b})(\vec{c} \times \vec{d}) = (\vec{a} \cdot \vec{c})(\vec{b} \cdot \vec{d}) - (\vec{a} \cdot \vec{d})(\vec{b} \cdot \vec{c}).$$

Si $\overset{\curvearrowleft}{p}$ et $\overset{\curvearrowleft}{q}$ sont deux vecteurs axiaux, les expressions

(4) $\quad p_x^2 + p_y^2 + p_z^2, \qquad$ (4') $\quad q_x^2 + q_y^2 + q_z^2,$

(5) $\quad p_x q_x + p_y q_y + p_z q_z$

sont des scalaires purs, c'est-à-dire sont des invariants du groupe des rotations et renversements des axes coordonnés.

L'expression (5) peut être considérée comme le *produit scalaire des deux vecteurs axiaux; c'est un scalaire pur. Réciproquement, si*

p_x, p_y, p_z *sont les composantes d'un vecteur axial et si l'expression* (5) *est invariante,* q_x, q_y, q_z *sont aussi les composantes d'un vecteur axial.*

La démonstration de ce théorème est analogue à celle du théorème correspondant pour les vecteurs polaires [n° 2]. Il en résulte aussi que d'un scalaire pur E fonction de $\overset{\smile}{p}$ (énergie magnétique, par exemple, si $\overset{\smile}{p}$ est un champ magnétique), un nouveau vecteur axial peut être dérivé (induction magnétique) avec les composantes

$$\frac{\partial E}{\partial p_x}, \quad \frac{\partial E}{\partial p_y}, \quad \frac{\partial E}{\partial p_z}.$$

On verrait facilement la démonstration de la proposition suivante et de sa réciproque: *le produit scalaire d'un vecteur polaire et d'un vecteur axial est un pseudoscalaire.*

De même, *le produit vectoriel de deux vecteurs de même classe est un vecteur axial,* tandis que *le produit vectoriel de deux vecteurs de classes différentes est un vecteur polaire.*

Pour démontrer ces théorèmes, comme les résultats analogues dans le cas des produits scalaires ou vectoriels d'un nombre quelconque de vecteurs polaires ou axiaux, il suffit de voir comment se comporte le signe du produit ou de ses composantes dans un renversement des axes.

Il est peut-être utile de faire remarquer qu'un élément de surface dont le contour est pourvu d'un sens de parcours est bien représenté par un vecteur axial $\overset{\smile}{ds}$. Un contour fermé pourvu d'un sens de parcours correspond également à un vecteur axial, somme géométrique des vecteurs axiaux correspondant aux éléments d'une surface quelconque s'appuyant sur le contour. La projection du contour sur un plan quelconque renferme une surface mesurée simplement par la projection, sur la normale au plan, du vecteur axial qui représente le contour. Pour une surface fermée, l'intégrale des vecteurs axiaux élémentaires est toujours nulle. Si au contraire on a choisi sur la surface une face positive et une face négative sans subordonner ce choix au sens de parcours du contour, chaque élément et, par suite, la surface entière est bien représentée par un vecteur polaire $\overrightarrow{ds}$. Le vecteur total correspondant à une surface fermée est encore nul ici.

5. Champ d'un scalaire. Si un scalaire φ est donné comme fonction continue des coordonnées d'un point (fonction de point)[26],

26) *G. Lamé,* J. Ec. polyt. (1) cah. 23 (1834), p. 215; Leçons sur les coordonnées curvilignes, Paris 1859, p. 1 et suiv. (chap. 1).

sa diminution le long de l'élément de droite $d\lambda$ est:

$$-d\varphi = -\frac{\partial\varphi}{\partial x}dx - \frac{\partial\varphi}{\partial y}dy - \frac{\partial\varphi}{\partial z}dz,$$

où dx, dy, dz représentent les projections de $d\lambda$ sur les axes coordonnés. Comme $d\lambda$ est un vecteur polaire de composantes (dx, dy, dz), il résulte [cf. n° **3**] que

$$-\frac{\partial\varphi}{\partial x}, -\frac{\partial\varphi}{\partial y}, -\frac{\partial\varphi}{\partial z}$$

sont les composantes d'un vecteur, polaire si φ est un scalaire pur et axial si φ est un pseudo-scalaire. La direction de ce vecteur est celle de la diminution la plus rapide de φ et sa longueur

$$\sqrt{\left(\frac{\partial\varphi}{\partial x}\right)^2 + \left(\frac{\partial\varphi}{\partial y}\right)^2 + \left(\frac{\partial\varphi}{\partial z}\right)^2}$$

donne la grandeur de cette diminution la plus rapide par unité de déplacement. Cette dernière expression est appelée par *G. Lamé* *paramètre différentiel du premier ordre.* *G. Lamé* ne considérait pas le vecteur en tant que grandeur dirigée.

Pour avoir la diminution de φ par unité de déplacement dans une direction quelconque, il suffit de projeter sur cette direction le vecteur ainsi introduit. *Celui-ci détermine donc entièrement la manière dont varie, au premier ordre, le champ du scalaire autour du point x, y, z.*

Son introduction est due à *W. R. Hamilton*[27]) qui le représente au moyen de l'opérateur symbolique

$$\nabla = i\frac{\partial}{\partial x} + j\frac{\partial}{\partial y} + k\frac{\partial}{\partial z}.$$

On appelle le vecteur $-\nabla\varphi$ la *chute* [*slope*, *Gefälle*[28])] ou le *gradient*[29]) du scalaire φ. Nous le représenterons par la notation fréquemment employée

$$\text{grad}\,\varphi.$$

Par l'introduction du gradient, un champ de vecteur est associé à tout champ de scalaire, dont il représente la variation, la dérivée.

Un champ de vecteur qui peut être considéré comme le gradient d'un scalaire s'appelle „champ de vecteur lamellaire“ ou „irrotationnel“ ou „champ newtonien“.

---

27) Proc. Irish Acad. (1) 3 (1845/7), p. 291; Lectures on quaternions[5]), p. 609; Elements of quaternions[5]), (2e éd.) 1, Londres 1899, p. 548 (note); 2, Londres 1901, p. 432 (appendice). On appelle quelquefois *nabla* l'opérateur ∇, du nom d'un instrument de musique hébreu ou assyrien de forme analogue.

28) *O. Heaviside*, Electrom.[9]) 1, p. 186.

29) *B. Riemann*, Partielle Differentialgleichungen, (4e éd.) publ. par *H. Weber* 2, Brunswick 1901, p. 213.

D'autres indications sur les champs de scalaires seront données à propos des champs de vecteurs lamellaires [n° 7].

6. Champ d'un vecteur. Si un vecteur varie de manière continue d'un point à l'autre d'un certain domaine, exception faite de certaines surfaces, lignes ou points, ce domaine est appelé le „champ du vecteur“[8]). Dans ce qui suit nous désignerons par champ de vecteur tout d'abord le champ d'un vecteur polaire et nous indiquerons ensuite les particularités relatives aux champs de vecteurs axiaux.

J. Clerk Maxwell[30]) distingue les *vecteurs forces* et les *vecteurs courants*; cette distinction n'a rien d'essentiel, et l'on peut considérer un même vecteur $\vec{a}$ tantôt comme vecteur force et tantôt comme vecteur courant.

Si on le considère comme représentant en chaque point la vitesse d'un fluide remplissant l'espace, on obtient une grandeur *scalaire* en calculant le volume de ce fluide qui traverse une surface fixe s dans le sens indiqué par la direction de la normale n. Ce flux est donné par l'intégrale

$$(6) \qquad S = \iint (a_x \cos nx + a_y \cos ny + a_z \cos nz)\, ds = \iint a_n\, ds.$$

Si l'élément de surface ds est représenté [n° 4] par un vecteur polaire $\overrightarrow{ds}$ dirigé suivant la normale, c'est-à-dire si le sens positif choisi sur cette normale ne dépend pas du sens positif choisi pour les rotations, on peut écrire ce flux

$$S = \int \vec{a}\, \overrightarrow{ds}$$

et S est un scalaire pur. C'est par exemple le cas lorsqu'il s'agit du flux *sortant* d'une surface fermée, le sens positif choisi sur la normale étant dirigé de l'intérieur vers l'extérieur.

Si l'élément de surface ds est représenté par un vecteur axial $\overset{\curvearrowleft}{ds}$, lorsque, par exemple, on s'est donné un sens de parcours pour e contour sur lequel s'appuie la surface et que le sens positif de la normale est dirigé du côté où doit se placer un observateur pour voir le contour parcouru dans le sens positif de rotation, le flux s'écrit aussi

$$\overset{\smile}{S} = \int \vec{a}\, \overset{\curvearrowleft}{ds}$$

et a les propriétés d'un pseudoscalaire.

Si $\overset{\curvearrowleft}{a}$ est un vecteur axial, son flux sortant d'une surface fermée est un pseudoscalaire, et son flux à travers une surface qui s'appuie

30) Treatise on electricity[8]) 1, p. 10; Traité d'électricité 1, p. 11; Proc. London math. Soc. 3 (1869/71), p. 224/32; Papers 2, Cambridge 1890, p. 257/66.

sur un contour dont le sens de parcours est donné est au contraire un scalaire pur.

Si l'on considère au contraire le vecteur comme un vecteur force, on obtient une grandeur *scalaire* en calculant le travail que produit la force quand son point d'application se déplace le long d'une ligne fixe λ. Ce travail est donné par l'intégrale

$$(7)\qquad L = \int (a_x \cos \lambda x + a_y \cos \lambda y + a_z \cos \lambda z)\, d\lambda = \int a_\lambda\, d\lambda.$$

Pour un vecteur polaire $\vec{a}$, le *travail* L est un scalaire pur, qu'on peut encore représenter par

$$L = \int \vec{a}\, \overrightarrow{d\lambda}.$$

Pour un vecteur axial, L est un pseudo-scalaire.

On peut d'ailleurs aussi bien calculer un scalaire *flux* S à partir d'un vecteur force qu'un scalaire L à partir d'un vecteur courant. Le premier s'appelle „*flux du vecteur* à travers la surface s" et le second „*travail* ou *circulation* du vecteur le long de la ligne λ".

Si la surface s est fermée, soit n sa normale extérieure; une transformation de calcul intégral[31]) connue sous le nom de „théorème de Gauss" donne

$$(8)\qquad S = \iiint \left(\frac{\partial a_x}{\partial x} + \frac{\partial a_y}{\partial y} + \frac{\partial a_z}{\partial z}\right) d\tau.$$

L'intégrale du second membre doit être étendue à tout le volume intérieur à la surface fermée. L'expression

$$(9)\qquad \operatorname{div} \vec{a} = \frac{\partial a_x}{\partial x} + \frac{\partial a_y}{\partial y} + \frac{\partial a_z}{\partial z}$$

est un scalaire qui représente dans l'analogie hydrodynamique le *débit des sources*, puisqu'il est égal au quotient $\frac{dS}{dv}$ du flux de liquide qui sort de la surface limitant un élément de volume par le volume de cet élément.

J. Clerk Maxwell[32]) appelle l'expression (9) changée de signe la *convergence* du champ, tandis que le nom de *divergence* usuellement employé pour (9) est dû à *W. K. Clifford*[33]). Dans la notation des

31) Voir à ce sujet l'article II 4.

Ce théorème fut démontré par *C. F. Gauss* pour les champs newtoniens [Allgemeine Lehrsätze in Beziehung auf die im verkehrten Verhältnisse des Quadrats der Entfernung wirkenden Anziehungs- und Abstossungskräfte, Leipzig 1840; Werke 5, Göttingue 1877, p. 224].

32) *J. Clerk Maxwell,* Treatise on electricity[8]) 1, p. 28; Traité d'électricité 1, p. 30; Classification of physical quantities [Proc. London math. Soc. 3 (1869/71), p. 224; Papers 2, Cambridge 1890, p. 257].

33) *W. K. Clifford*, Elements of dynamics 1, Londres 1878, p. 209.

quaternions[33]), on l'écrit $-S\nabla a$. *J. W. Gibbs* et *O. Heaviside*[37]) emploient $\nabla \cdot a$ et ∇a. Nous emploierons la notation déjà fréquente

$$\operatorname{div.} \vec{a}.$$

Si le champ contient une surface de discontinuité σ, dont les normales opposées seront désignées par ν_1 et ν_2, le *débit des sources par unité de surface* est donné par la discontinuité de la composante normale du vecteur

$$a_{\nu_1} + a_{\nu_2}. \tag{9'}$$

Cette discontinuité s'appellera par suite la *divergence de surface*[34]) du vecteur $\vec{a}$.

Si l'on forme l'intégrale de ligne (7) pour une courbe fermée λ, on obtient, par application du *théorème de Stokes*[35]),

$$L = \iint \Big[\Big(\frac{\partial a_z}{\partial y} - \frac{\partial a_y}{\partial z}\Big) \cos nx + \Big(\frac{\partial a_x}{\partial z} - \frac{\partial a_z}{\partial x}\Big) \cos ny + \Big(\frac{\partial a_y}{\partial x} - \frac{\partial a_x}{\partial y}\Big) \cos nz\Big] ds. \tag{10}$$

L'intégrale du second membre est étendue à une surface s limitée par la courbe fermée λ; on a représenté par

$$nx, \; ny, \; nz$$

les angles que forme la normale n à l'élément de surface ds avec les axes coordonnés.

Les expressions

$$\frac{\partial a_z}{\partial y} - \frac{\partial a_y}{\partial z}, \quad \frac{\partial a_x}{\partial z} - \frac{\partial a_z}{\partial x}, \quad \frac{\partial a_y}{\partial x} - \frac{\partial a_x}{\partial y}, \tag{11}$$

qui s'introduisent dans la transformation de l'intégrale de ligne en intégrale de surface, sont les *composantes d'un vecteur axial*[36]). *O. Heaviside*[37]) nomme ce vecteur „curl" du vecteur $\vec{a}$ et le représente

---

34) *V. Bjerknes,* Vorlesungen über hydrodynamische Fernkräfte 1, Leipzig 1900, p. 9/18.

35) *G. G. Stokes*, A Smith's prize paper, Cambridge 1854; Papers 5, Cambridge 1905, p. 320; *H. Hankel,* Zur allgemeinen Theorie der Bewegung der Flüssigkeiten, Preisschrift, Göttingue 1861. Voir aussi dans l'Encyclopédie l'article II 4.

36) *E. Wiechert*, Schriften phys.-ökon. Ges. Königsberg 37 (1896) Abh., p. 8; Ann. Phys. und Chemie, Dritte Folge 59 (1896), p. 288; Grundlagen der Elektrodynamik, Festschrift zur Feier der Enthüllung des Gauss-Weber Denkmals in Göttingen, Leipzig 1899.

37) *J. W. Gibbs*[13]) et *O. Heaviside*[21]), forment les produits scalaire et vectoriel au moyen de l'opérateur ∇ et du vecteur considéré $\vec{a}$ et obtiennent ainsi la divergence et le rotationnel. Le signe opposé du symbole pour la divergence dans la théorie des quaternions tient aux signes opposés du produit scalaire et de

par le symbole de la théorie des quaternions[38]):

$$V\nabla a;$$

J. W. Gibbs[37]) l'écrit $\nabla \times a$, *E. Wiechert*[36]) Quirl a, *H. A. Lorentz*[39]) Rot a, *W. Voigt*[40]) Vort a. Nous emploierons la notation

$$\operatorname{Rot} \vec{a},$$

ainsi que le terme *vecteur rotationnel* de $\vec{a}$ ou *rotationnel de* $\vec{a}$. On verra en effet, dans la cinématique des milieux continus, que la moitié de ce vecteur, dans le cas où $\vec{a}$ est la vitesse d'un courant de fluide, représente la vitesse angulaire de rotation de l'élément de volume entourant le point (x, y, z), ou le *tourbillon* du fluide en ce point. Dans un milieu élastique, appliqué au déplacement des points du milieu, il représente le double de la rotation de l'élément de volume.

On peut dire encore que le rotationnel d'un champ de vecteur représente entièrement la manière dont varie, avec l'orientation d'un élément de surface ds autour d'un point, la circulation dL du vecteur le long du contour de l'élément. Il est en effet facile de démontrer que le quotient $\frac{dL}{ds}$ pour un tel élément est la projection sur la normale à l'élément du vecteur rotationnel.

Nous verrons au nº **20** comment ce rotationnel, joint à un triple tenseur, représente complètement la manière dont varie le champ de vecteur autour d'un point (x, y, z), cet ensemble jouant ainsi pour un champ de vecteur le rôle de dérivée que joue le gradient pour un champ de scalaire.

Si une surface de discontinuité σ se trouve dans le champ d'un courant de fluide, deux couches de fluide glissant l'une sur l'autre le long de σ, cette surface est le siège d'un „tourbillon superficiel" dont l'intensité par unité de surface est mesurée par la moitié du „rotationnel de surface"[34]).

Ce *rotationnel de surface* est un vecteur axial dont le plan est normal à la surface de discontinuité, la direction du vecteur se trou-

---

la partie scalaire du produit quaternion dont l'origine se trouve dans la différence des significations données aux i, j, k, vecteurs unités dans le calcul vectoriel et imaginaires dans la théorie des quaternions (voir note 12).

38) *P. G. Tait*, [Proc. R. Soc. Edinb. 4 (1857/62), p. 617; Papers 1, Cambridge 1898, p. 37] appliqua le premier l'opérateur ∇ à des vecteurs. La partie scalaire du quaternion ainsi obtenue donne la divergence et la partie vectorielle donne le rotationnel du vecteur considéré.

39) *H. A. Lorentz*, Versuch einer Theorie der elektrischen und optischen Erscheinungen in bewegten Körpern, Leyde 1895, p. 10; réimp. Leipzig 1906, p. 10.

40) *W. Voigt*, Nachr. Ges. Gött. 1900, math. p. 14.

vant donc dans le plan tangent à σ. La projection de ce vecteur sur la perpendiculaire à un plan quelconque normal à σ est égal à la discontinuité dans ce plan des composantes tangentielles à σ du champ de vecteur, c'est-à-dire de la vitesse du fluide.

Si

$$\overrightarrow{n_{12}}$$

est un vecteur unité dirigé du côté 1 vers le côté 2 de la surface de discontinuité σ, le rotationnel de surface du vecteur a est identique au produit vectoriel

$$(11') \qquad \overrightarrow{n_{12}} \times (\vec{a}_2 - \vec{a}_1),$$

$\vec{a}_2 - \vec{a}_1$ étant la *discontinuité* du vecteur $\vec{a}$ de part et d'autre de σ au point considéré.

L'introduction de la divergence permet de mettre l'équation (8) sous la forme

$$S = \iint \vec{a} \cdot \overrightarrow{ds} = \iiint \operatorname{div} \vec{a}\, d\tau,$$

et l'introduction du rotationnel permet de mettre l'équation (10) sous la forme

$$L = \int \vec{a}\, \overrightarrow{d\lambda} = \iint \operatorname{rot} \vec{a} \times \overrightarrow{ds}.$$

Les opérations représentées par les symboles grad, div et rot sont évidemment distributives. D'autre part leur application à des produits donne lieu aux règles de calcul suivantes, faciles à justifier, où φ, ψ représentent des scalaires, $\vec{a}$ et $\vec{b}$ des vecteurs:

$$(12) \qquad \begin{cases} \operatorname{grad}(\varphi\psi) = \varphi \operatorname{grad} \psi + \psi \operatorname{grad} \varphi, \\ \operatorname{div} \varphi\vec{a} = \varphi \operatorname{div} \vec{a} + \vec{a} \cdot \operatorname{grad} \varphi, \\ \operatorname{rot} \varphi\vec{a} = \varphi \operatorname{rot} \vec{a} + \vec{a} \times \operatorname{grad} \varphi, \\ \operatorname{div}(\vec{a} \times \vec{b}) = \vec{b} \cdot \operatorname{rot} \vec{a} - \vec{a} \cdot \operatorname{rot} \vec{b}. \end{cases}$$

Les expressions

$$\operatorname{grad}(\vec{a} \cdot \vec{b}) \quad \text{et} \quad \operatorname{rot}(\vec{a} \times \vec{b})$$

font intervenir d'autres combinaisons des composantes des vecteurs $\vec{a}$ et $\vec{b}$ et de leurs dérivées que nous examinerons au n° **12**.

En appliquant successivement deux de ces opérations, on forme ce qu'on appelle le *produit* de ces deux opérations. On est ainsi conduit à plusieurs théorèmes parmi lesquels nous citerons les suivants:

$$\operatorname{rot} \operatorname{grad} \varphi = 0,$$

$$\operatorname{div} \operatorname{rot} \vec{a} = 0.$$

Celles des autres combinaisons auxquelles on parvient et qui ne sont pas dépourvues de sens seront examinées plus loin [n° **12**].

L'application de l'opérateur grad à des pseudoscalaires et l'application des opérateurs div et rot à des vecteurs axiaux donne lieu à des règles faciles à prévoir:

1°) *le gradient d'un pseudo-scalaire est un vecteur axial;*

2°) *la divergence d'un vecteur axial est un pseudo-scalaire;*

3°) *le rotationnel d'un vecteur axial est un vecteur polaire.*

On verra facilement aussi comment se modifient, par l'introduction de ces nouvelles grandeurs, les règles de calcul précédemment indiquées.

7. Champ newtonien. Si l'intégrale de ligne (7), étendue à une courbe joignant les points α et β, est indépendante du chemin parcouru, et cela quel que soit le point β, le champ de vecteur $\vec{a}$ peut se dériver d'un champ de scalaire φ dont il est le gradient.

La valeur du scalaire φ au point α étant arbitrairement choisie égale à φ_α, sa valeur φ_β au point β est donnée par l'expression

$$(13)\quad \varphi_\beta = \varphi_\alpha - \int_\alpha^\beta (a_x \cos \lambda x + a_y \cos \lambda y + a_z \cos \lambda z)\, d\lambda = \varphi_\alpha - \int_\alpha^\beta \vec{a}\, \overrightarrow{d\lambda}.$$

On a par conséquent

$$\vec{a} = \operatorname{grad} \varphi.$$

W. Thomson[41]) a introduit pour désigner un semblable champ l'expression de *champ lamellaire*, pour rappeler qu'on peut décomposer ce champ en lamelles minces au moyen d'une famille de surfaces φ = const. ou surfaces de niveau, de manière que d'une face à l'autre de chaque lamelle le scalaire φ diminue d'une quantité fixe. Ces lamelles sont partout dirigées normalement au vecteur du champ, et si l'on déplace dans le champ un élément de ligne de longueur déterminée, le nombre des lamelles qu'il traverse dans chaque position mesure la composante du champ dans la direction de l'élément à l'endroit où il est placé.

La *divergence du vecteur lamellaire* est

$$(14)\qquad \operatorname{div} \vec{a} = \operatorname{div} \operatorname{grad} \varphi = -\left(\frac{\partial^2 \varphi}{\partial x^2} + \frac{\partial^2 \varphi}{\partial y^2} + \frac{\partial^2 \varphi}{\partial z^2}\right).$$

G. Lamé[26]) désigne par $\Delta_2 \varphi$ le scalaire $\frac{\partial^2 \varphi}{\partial x^2} + \frac{\partial^2 \varphi}{\partial y^2} + \frac{\partial^2 \varphi}{\partial z^2}$ et l'appelle le *paramètre différentiel du second ordre de* φ. Nous écrirons plus

41) On solenoïdal and lamellar distributions of magnetism, Proc. R. Soc. London 5 (1843/50), p. 977 (abstract of papers printed in the Philos. Trans. of the R. Soc. of London); Reprint of papers, Londres 1872, p. 378.

simplement

$$\Delta\varphi = \frac{\partial^2\varphi}{\partial x^2} + \frac{\partial^2\varphi}{\partial y^2} + \frac{\partial^2\varphi}{\partial z^2},$$

en sorte que

$$\operatorname{div} \vec{a} = -\Delta\varphi.$$

J. Clerk Maxwell[30]) nomme $\Delta\varphi$ la *concentration* du scalaire φ, pour rappeler ce fait important que $\Delta\varphi$ est proportionnel à la différence entre la valeur moyenne de φ sur une sphère de rayon infiniment petit et la valeur de φ au centre de la sphère.

En quaternions[19]) [36]), le scalaire $\Delta\varphi$ s'écrit $-\nabla^2\varphi$; *W. Thomson* et *J. Tait*, *J. W. Gibbs*[13]) et *O. Heaviside*[14]) le désignent par $\nabla^2\varphi$. D'autres signes ont encore été employés pour le représenter [II A 7 b n° 2].

La relation (14) montre que φ est le potentiel dû à une distribution de masses électriques avec la densité en volume

$$\varrho = \frac{1}{4\pi} \operatorname{div} \vec{a},$$

le vecteur $\vec{a}$ étant le champ correspondant. S'il existe des surfaces de discontinuité, il faut y joindre sur celles-ci une densité superficielle égale au quotient par 4π de la divergence de surface du vecteur $\vec{a}$. En l'absence de semblables discontinuités, on a

$$\text{(15)} \qquad \begin{aligned} \varphi_1 &= \iiint \frac{\varrho_2\, d\tau_2}{r_{12}}, \\ \vec{a}_1 &= \iiint \frac{\varrho_2\, \vec{r}^{\,0}_{12}}{r^2_{12}}\, d\tau_2, \end{aligned}$$

φ_1, $\vec{a}_1$ étant les valeurs du scalaire φ et du vecteur $\vec{a}$ au point (x_1, y_1, z_1); dans ces formules ϱ_2 désigne la valeur de ϱ au point (x_2, y_2, z_2) où se trouve l'élément de volume $d\tau_2$, et $\overrightarrow{r_{12}}$ représente la distance des deux points (x_1, y_1, z_1) et (x_2, y_2, z_2).

J. W. Gibbs[13]) propose pour exprimer les relations mutuelles des grandeurs φ, $\vec{a}$ et ϱ les notations

$$\text{(16)} \qquad \begin{aligned} \varphi &= \operatorname{Pot} \varrho, \\ \vec{a} &= \operatorname{New} \varrho = \operatorname{grad} \varphi, \\ 4\pi\varrho &= \operatorname{div} \vec{a} = \operatorname{div} \operatorname{grad} \varphi \end{aligned}$$

qui s'énoncent en disant que φ est le *potentiel* de ϱ dont $\vec{a}$ est le *newtonien* ou *champ newtonien*.

Pour compléter ces relations nous proposerons

$$\text{(17)} \qquad \varphi = \operatorname{Lam} \vec{a},$$

φ étant le *lamellaire* de $\vec{a}$, l'opérateur lam étant l'inverse de grad. Nous examinerons plus loin quelques propriétés des opérateurs potentiel, newtonien et lamellaire introduits ici.

Le *rotationnel du champ de vecteur s'annule dans les champs newtoniens*, car dans ce cas, en vertu de l'équation (13), l'intégrale de ligne L s'annule pour toute courbe fermée λ et, par suite, le second membre de l'équation (10) s'annule pour toute surface s. On peut également remarquer que la relation

$$\vec{a} = \operatorname{grad} \varphi$$

implique que l'on a en tout point

$$\operatorname{rot} \vec{a} = 0,$$

puisque rot grad φ est identiquement nul.

Inversement, on voit, d'après (10), que si le rotationnel est partout nul, l'intégrale L est indépendante du chemin parcouru, en sorte qu'un lamellaire existe pour le champ de $\vec{a}$. De là résulte qu'un champ newtonien s'appelle encore „irrotationnel“ ou „sans tourbillon“.

Si le champ renferme des surfaces de discontinuité, il n'est newtonien que si, non seulement le rotationnel (11) s'annule dans tout l'espace, mais encore si le rotationnel de surface (11′) est nul également dans toute l'étendue des surfaces de discontinuité, c'est-à-dire si la composante du vecteur tangentielle à la surface ne subit pas de discontinuité quand on traverse celle-ci.

S'il existe des lignes de discontinuité, le lamellaire φ n'est, en général, pas uniforme et sa valeur au point β, pour une valeur donnée au point α, dépend du nombre de fois que le chemin d'intégration $(\alpha\beta)$ de l'équation (13) entoure la ligne de discontinuité.

Le même fait se retrouve dans les champs à connexions multiples (champs définis dans des domaines multiplement connexes).

Le lamellaire d'un champ de vecteur axial est évidemment un pseudoscalaire.

Les champs de vecteurs qui correspondent à des trains d'ondes planes, parallèles et homogènes, jouent un rôle particulièrement important en optique, en électrodynamique, en acoustique et en élasticité. Ils possèdent la propriété qu'on y peut trouver une série de plans parallèles tels que le vecteur de champ ait la même direction et la même grandeur en tous les points de chacun de ces plans.

Si, comme en acoustique, les ondes planes homogènes sont longitudinales, c'est-à-dire si le vecteur de champ est dirigé partout perpendiculairement aux plans d'ondes, le rotationnel du champ de vecteur s'annule. Si, en effet, on applique le théorème de Stokes à un rectangle de plan parallèle ou perpendiculaire aux plans d'ondes, l'intégrale de ligne L s'annule toujours sur son contour, et il en résulte que les trois composantes du rotationnel s'annulent en tous les points du champ, c'est-à-dire que[42]) *le champ d'ondes planes homogènes longitudinales est newtonien.*

8. Champ solénoïdal et champ laplacien. Si l'intégrale de surface S qui mesure le flux du champ de vecteur à travers une surface s s'annule pour toute surface fermée tracée dans le champ, d'après (8) la *divergence du champ est nulle en tout point.* On peut appeler un semblable champ „sans sources" ou „sans divergence". Nous justifierons plus loin le nom de *champ laplacien.*

Il arrive le plus souvent que les champs de ce genre, considérés en physique, sont décomposables en tubes ou solénoïdes fermés sur eux-mêmes de telle manière que le flux ait une valeur constante à travers une section quelconque d'un quelconque de ces tubes. La paroi d'un tel tube est formée par des lignes de force ou lignes de courant tangentes en chaque point à la direction du champ. Un tel champ est dit *solénoïdal.* Si l'on déplace dans le champ un élément de surface, pour chaque position de celui-ci le nombre des tubes qui le traversent détermine le flux à travers l'élément ou la composante du champ dans la direction de sa normale.

Le flux à travers une surface fermée est donc nul dans un champ solénoïdal. Il en résulte qu'un champ *solénoïdal* est *sans divergence*; mais la réciproque n'est pas démontrée, car dans un champ *sans divergence* la ligne de force la plus générale n'est pas d'ordinaire fermée sur elle-même et peut se replier indéfiniment sans se refermer jamais.

Quand il existe dans le champ des surfaces de discontinuité σ, celui-ci ne peut être solénoïdal que si, non seulement la divergence (9) s'annule dans tout le volume, mais encore si la divergence de surface (9') est nulle en tout point des surfaces de discontinuité, c'est-à-dire quand la composante normale à la surface du vecteur de champ reste continue quand on traverse σ.

On peut mettre sous la forme suivante les composantes d'un

---

42) Ce théorème est dû à *M. O'Brien,* Trans. Cambr. philos. Soc. 8 (1842/9), éd. 1849, p. 508 [1847], qui emploie un système particulier de notations; *M. Abraham,* Math. Ann. 52 (1899), p. 83; *P. Duhem,* J. math. pures appl. (5) 6 (1900), p. 249.

vecteur sans divergence $\vec{a}$:

$$(18)\qquad \begin{aligned} a_x &= \frac{\partial \Phi_z}{\partial y} - \frac{\partial \Phi_y}{\partial z}, \\ a_y &= \frac{\partial \Phi_x}{\partial z} - \frac{\partial \Phi_z}{\partial x}, \\ a_z &= \frac{\partial \Phi_y}{\partial x} - \frac{\partial \Phi_x}{\partial y}, \end{aligned}$$

où Φ_x, Φ_y, Φ_z sont les composantes d'un vecteur $\overset{\curvearrowleft}{\Phi}$, axial si $\vec{a}$ est polaire et polaire si $\overset{\curvearrowleft}{a}$ est axial.

Si l'on ajoute la condition

$$\frac{\partial \Phi_x}{\partial x} + \frac{\partial \Phi_y}{\partial y} + \frac{\partial \Phi_z}{\partial z} = 0, \quad \text{ou} \quad \operatorname{div} \overset{\curvearrowleft}{\Phi} = 0,$$

$\overset{\curvearrowleft}{\Phi}$ s'appelle un *potentiel vecteur*[43]).

Pour justifier cette dénomination, formons, en remarquant que la relation (14) peut se mettre sous la forme

$$\vec{a} = \operatorname{rot} \overset{\curvearrowleft}{\Phi},$$

l'expression

$$\operatorname{rot} \vec{a} = \operatorname{rot} \operatorname{rot} \overset{\curvearrowleft}{\Phi}.$$

Cette expression est un vecteur axial $4\pi\overset{\curvearrowleft}{u}$ dont il est facile de former les composantes $4\pi u_x$, $4\pi u_y$, $4\pi u_z$. On a, par exemple,

$$4\pi u_x = \frac{\partial a_z}{\partial y} - \frac{\partial a_y}{\partial z} = \frac{\partial}{\partial x}\left(\frac{\partial \Phi_x}{\partial x} + \frac{\partial \Phi_y}{\partial y} + \frac{\partial \Phi_z}{\partial z}\right) - \Delta \Phi_x,$$

en sorte que

$$4\pi u_x = \frac{\partial}{\partial x} \operatorname{div} \overset{\curvearrowleft}{\Phi} - \Delta \Phi_x;$$

et de même

$$4\pi u_y = \frac{\partial}{\partial y} \operatorname{div} \overset{\curvearrowleft}{\Phi} - \Delta \Phi_y,$$

$$4\pi u_z = \frac{\partial}{\partial z} \operatorname{div} \overset{\curvearrowleft}{\Phi} - \Delta \Phi_z.$$

Si donc on étend le symbole Δ à un vecteur, en représentant par

$$\Delta \overset{\curvearrowleft}{\Phi}$$

un vecteur de composantes

$$\Delta \Phi_x, \quad \Delta \Phi_y, \quad \Delta \Phi_z,$$

on a démontré la règle de calcul

$$(19)\qquad \operatorname{rot} \operatorname{rot} \overset{\curvearrowleft}{\Phi} = \operatorname{grad} \operatorname{div} \overset{\curvearrowleft}{\Phi} - \Delta \overset{\curvearrowleft}{\Phi}$$

qui est applicable à un vecteur polaire ou axial.

43) *J. Clerk Maxwell*, Treatise on electricity and magnetism (1re éd.) 2, Londres 1873, p. 27 (art. 404, 405 et 617); Traité d'électricité[8]) 2, Paris 1889, p. 31, 32, 99.

L'hypothèse

$$\operatorname{div} \overset{\curvearrowright}{\Phi} = 0$$

donne

$$\Delta \overset{\curvearrowright}{\Phi} = -4\pi \overset{\curvearrowright}{u},$$

en sorte que $\overset{\curvearrowright}{\Phi}$ est relié au vecteur $\overset{\curvearrowright}{u}$ comme le potentiel scalaire φ est lié à la densité en volume ϱ; les composantes de $\overset{\curvearrowright}{\Phi}$ sont donc les potentiels des composantes correspondantes de $\overset{\curvearrowright}{u}$ et on a l'égalité vectorielle, intégrale de l'équation précédente,

$$\overset{\curvearrowright}{\Phi}_1 = \iiint \frac{\overset{\curvearrowright}{u}_2}{r_{12}}\, d\tau_2,$$

où $\overset{\curvearrowright}{\Phi}_1$ est la valeur de $\overset{\curvearrowright}{\Phi}$ au point (x_1, y_1, z_1); dans cette expression $\overset{\curvearrowright}{u}_2$ représente la valeur de $\overset{\curvearrowright}{u}$ au point (x_2, y_2, z_2) où se trouve l'élément de volume $d\tau_2$ et r_{12} désigne la distance des points (x_1, y_1, z_1) et (x_2, y_2, z_2).

Cette relation peut s'écrire, en étendant à un vecteur l'opérateur Pot défini plus haut,

$$\overset{\curvearrowright}{\Phi} = \operatorname{Pot} \overset{\curvearrowright}{u} \quad \text{ou} \quad \vec{\Phi} = \operatorname{Pot} \vec{u}. \tag{21}$$

En électromagnétisme, si $\vec{u}$ est une densité de courant, $\vec{\Phi}$ en est le potentiel vecteur selon *J. Clerk Maxwell* et

$$\overset{\curvearrowright}{a} = \operatorname{rot} \vec{\Phi}$$

est le champ magnétique correspondant.

La relation directe entre $\vec{u}$ et $\overset{\curvearrowright}{a}$ s'obtient en appliquant au courant $\vec{u}$ la formule de Laplace,

$$\overset{\curvearrowright}{a}_1 = \iiint \frac{\vec{u}_2 \times \vec{r}^{\,0}_{12}}{r_{12}^2}\, d\tau_2. \tag{22}$$

J. W. Gibbs [18]) propose d'appeler $\overset{\curvearrowright}{a}$ le *champ laplacien* ou le *laplacien* de $\vec{u}$ avec la notation

$$\overset{\curvearrowright}{a} = \operatorname{Lap} \vec{u} \quad \text{ou} \quad \vec{a} = \operatorname{Lap} \overset{\curvearrowright}{u}.$$

Si $\vec{\Phi}$ est un potentiel vecteur (de divergence nulle) on a les relations

$$\left\{\begin{aligned} \vec{\Phi} &= \frac{1}{4\pi} \operatorname{Pot} \operatorname{rot} \overset{\curvearrowright}{a} = \operatorname{Pot} \vec{u}, \\ \overset{\curvearrowright}{a} &= \operatorname{rot} \vec{\Phi} = \operatorname{Lap} \vec{u}, \\ 4\pi \vec{u} &= \operatorname{rot} \overset{\curvearrowright}{a} = -\Delta \vec{\Phi}. \end{aligned}\right. \tag{23}$$

L'expression de $\vec{\Phi}$ en fonction de $\vec{u}$ montre qu'un champ sans divergence $\vec{a}$ dérive toujours d'un potentiel vecteur, lorsque rot $\vec{a}$ s'annule à l'infini[44]), plus vite que l'inverse du carré de la distance à l'origine.

Si le champ est plan, c'est-à-dire s'il correspond à un courant plan de fluide circulant par exemple dans le plan des xy, la condition du champ sans divergence devient

$$\frac{\partial a_x}{\partial x} + \frac{\partial a_y}{\partial y} = 0.$$

Si cette condition est remplie, le courant total à travers une courbe reliant les deux points α et β est indépendant du chemin suivi et égal à l'accroissement $\psi_\beta - \psi_\alpha$ d'une fonction de point[45])

$$\psi(x, y)$$

appelée *fonction de courant*. Elle est reliée aux composantes du vecteur par

$$a_x = \frac{\partial \psi}{\partial y}, \qquad a_y = -\frac{\partial \psi}{\partial x}. \tag{24}$$

La fonction de courant peut être considérée comme la composante suivant l'axe des z du potentiel vecteur dont les deux autres composantes s'annulent dans le cas du champ plan. La théorie du courant d'un fluide incompressible sur une surface courbe est également simplifiée par l'introduction d'une fonction de courant.

Les champs symétriques par rapport à un axe pour les vecteurs sans divergence peuvent être étudiés de la même manière[46]). Si l'on mène un plan méridien par l'axe de symétrie du champ et si l'on réunit deux points α, β de ce plan par une courbe λ, le flux total du courant à travers la surface qu'engendre la courbe λ en tournant autour de l'axe est indépendant du chemin λ et peut être égalé à l'accroissement

$$2\pi(\psi_\beta - \psi_\alpha)$$

d'une fonction $2\pi\psi$ qui varie d'un point à l'autre du plan méridien et dépend uniquement en chaque point, par exemple de la distance ϱ du point à l'axe et de la distance z du pied de la perpendiculaire ϱ à l'origine. Les composantes du vecteur de champ parallèlement et perpendiculairement à l'axe dans le plan méridien sont respectivement

$$a_z = -\frac{1}{\varrho}\frac{\partial \psi}{\partial \varrho}, \qquad a_\varrho = \frac{1}{\varrho}\frac{\partial \psi}{\partial z}. \tag{24'}$$

44) *P. Duhem*, J. math. pures appl. (5) 6 (1900), p. 215.

45) *J. L. Lagrange*, Nouv. Mém. Acad. Berlin 12 (1781), éd. 1783, p. 173; Œuvres 4, Paris 1869, p. 720; *W. J. M. Rankine*, Philos. Trans. London 161 (1871), p. 275.

46) *G. G. Stokes*, Trans. Cambr. philos. Soc. 7 (1838/42), éd. 1842, p. 451; Papers 1, Cambridge 1880, p. 14. *W. J. M. Rankine*, Philos. Trans. London 161 (1871), p. 278.

La divergence s'annule dans le champ d'ondes planes homogènes transversales. On s'en assure en appliquant le théorème (8) de *C. F. Gauss* à un parallélépipède rectangle dont un couple de faces opposées est parallèle aux plans d'ondes. *Le champ d'ondes planes homogènes transversales,* électromagnétiques par exemple, *est laplacien.*

9. Champ harmonique. Un champ de vecteur à la fois newtonien et sans divergence en volume dérive d'un potentiel scalaire φ qui satisfait à *l'équation de Laplace* ou *équation harmonique*

$$\Delta\varphi = 0;$$

nous le nommerons pour cette raison *champ harmonique.* La théorie en a été faite dans l'article sur la théorie du potentiel [II 24].

Un *champ harmonique plan* possède une fonction de courant ψ qui, d'après (24), est liée au potentiel scalaire φ par les relations

$$-\frac{\partial\varphi}{\partial x} = \frac{\partial\psi}{\partial y}, \qquad \frac{\partial\varphi}{\partial y} = \frac{\partial\psi}{\partial x}. \tag{25}$$

Ces relations expriment les conditions nécessaires et suffisantes pour que $-\varphi + i\psi$ soit une fonction de l'argument complexe $x + iy$ [II 8]. La théorie des champs harmoniques plans est grandement simplifiée par l'introduction de cette fonction et par l'application des méthodes de la théorie des fonctions d'une variable complexe.

10. Champ orthogonal. Dans un champ orthogonal, le vecteur $\vec{a}$ est en tout point orthogonal à une famille de surfaces

$$f = \text{const.};$$

il coïncide en direction avec le vecteur

$$\text{grad}\, f$$

et sa grandeur s'obtient en multipliant ce gradient par un facteur g variable d'un point à l'autre. Un vecteur orthogonal s'exprime donc au moyen de deux scalaires sous la forme

$$\vec{a} = g\ \text{grad}\, f.$$

Quand un vecteur $\vec{a}$ est de cette forme, la différentielle

$$a_x dx + a_y dy + a_z dz$$

possède ainsi un diviseur intégrant g. La condition pour qu'il en soit ainsi,

$$a_x\left(\frac{\partial a_y}{\partial z} - \frac{\partial a_z}{\partial y}\right) + a_y\left(\frac{\partial a_z}{\partial x} - \frac{\partial a_x}{\partial z}\right) + a_z\left(\frac{\partial a_x}{\partial y} - \frac{\partial a_y}{\partial x}\right) = \vec{a}\ \text{rot}\ \vec{a} = 0, \tag{26}$$

exprime géométriquement que *le vecteur $\vec{a}$ est en chaque point du* *champ parallèle au plan de son rotationnel, ou perpendiculaire à ce rotationnel*[47]). Ce dernier vecteur est ainsi en chaque point situé dans le plan tangent à la surface $f =$ const. qui passe par ce point.

W. Thomson a donné à un tel champ le nom de *champ lamellaire complexe.*

A. Clebsch[48]) a démontré qu'un champ de vecteur *quelconque* peut se mettre sous la forme

$$\vec{a} = \operatorname{grad} \varphi + g \operatorname{grad} f$$

et peut donc être considéré comme résultant de la *superposition d'un champ lamellaire simple et d'un champ lamellaire complexe.*

11. Décomposition d'un champ de vecteur en un champ newtonien et un champ laplacien. Un champ de vecteur indéfini dont les composantes à distance infinie sont infiniment petites du second ordre au moins peut toujours être considéré comme résultant de la superposition d'un champ newtonien et d'un champ laplacien. Si $\vec{a}$ est le vecteur du champ, on pose

$$\vec{a} = \vec{a}' + \vec{a}'', \quad \operatorname{div} \vec{a}' = 0, \quad \operatorname{rot} \vec{a}'' = 0$$

et l'on détermine par les équations

$$\vec{a}' = \operatorname{rot} \breve{\Phi}', \quad \operatorname{div} \breve{\Phi}' = 0, \quad \vec{a}'' = \operatorname{grad} \varphi''$$

un potentiel vecteur pour la partie sans divergence et un potentiel scalaire pour la partie sans rotation. Ces potentiels doivent satisfaire aux équations

$$\Delta \varphi'' = -\operatorname{div} \vec{a}, \quad \Delta \breve{\Phi}' = -\operatorname{rot} \vec{a}$$

à l'aide desquelles les valeurs de φ'' et $\breve{\Phi}'$ en un point quelconque (x_1, y_1, z_1) du champ se calculent par les équations de la théorie du potentiel. Si r_{12} est la distance de l'élément de volume $d\tau_2$ au point (x_1, y_1, z_1), on a

$$(27) \quad \begin{cases} \varphi_1'' = \dfrac{1}{4\pi} \displaystyle\iiint \left(\operatorname{div} \vec{a}\right)_2 \dfrac{d\tau_2}{r_{12}} = \dfrac{1}{4\pi} \operatorname{Pot} \operatorname{div} \vec{a}, \\ \breve{\Phi}' = \dfrac{1}{4\pi} \displaystyle\iiint \left(\operatorname{rot} \vec{a}\right)_2 \dfrac{d\tau_2}{r_{12}} = \dfrac{1}{4\pi} \operatorname{Pot} \operatorname{rot} \vec{a}. \end{cases}$$

La seconde formule est une relation vectorielle qui remplace les trois équations relatives aux trois composantes de $\breve{\Phi}'$ reliées respectivement aux trois composantes de rot $\vec{a}$. *La décomposition du champ en une partie newtonienne et une partie laplacienne est ainsi effectuée d'une manière*

47) *A. Sommerfeld,* Jahresb. deutsch. Math.-Ver. 6¹ (1897), éd. 1899, p. 124. *P. Appell,* Traité de mécanique rationnelle (1re éd.) 3, Paris 1903, p. 15; (2e éd.) 3, Paris 1909, p. 15.

48) *A. Clebsch,* J. reine angew. Math. 56 (1859), p. 1.

complète, et le champ de vecteur est déterminé d'une manière univoque par sa divergence et son rotationnel[49]).

Pour un champ de vecteur se comportant à l'infini comme on l'a indiqué on a donc l'identité

$$(28)\quad 4\pi\vec{a} = \text{grad Pot div}\,\vec{a} + \text{rot Pot rot}\,\vec{a} = \text{New div}\,\vec{a} + \text{Lap rot}\,\vec{a}.$$

Ce résultat est facile à étendre au cas où le champ renferme des surfaces de discontinuité; il suffit pour cela d'introduire, dans les expressions des potentiels, des intégrales étendues à ces surfaces et où figurent la divergence et le rotationnel de surface[50]).

Les *champs limités* peuvent se décomposer d'une infinité de manières en un champ newtonien et un champ laplacien[51]). On peut, dans ce cas, déterminer le potentiel scalaire de manière que la portion newtonienne du champ qu'on en dérive, non seulement ait à l'intérieur du domaine la divergence du champ total, mais encore ait sur la surface qui limite le domaine la même composante normale que ce champ total; le potentiel scalaire se trouve par là-même déterminé.

On peut encore compléter le champ de manière continue en introduisant à l'extérieur du domaine des sources et des tourbillons (divergences et rotationnels) tels qu'ils ne modifient pas le champ intérieur, et calculer par les équations (27) les valeurs correspondantes des potentiels scalaire et vecteur.

O. Blumenthal[52]) a montré que la décomposition d'un champ de vecteur, s'étendant à l'infini, en une partie sans divergence et une partie irrotationnelle, est encore possible dans des conditions où les composantes du vecteur de champ s'annulent à l'infini moins rapidement que l'inverse du carré de la distance.

12. Déduction de nouveaux vecteurs et scalaires à partir de vecteurs donnés. On peut de diverses manières obtenir, à partir de vecteurs donnés $\vec{a}, \vec{b}, \vec{c}, \ldots$, de nouvelles grandeurs scalaires ou vectorielles dont les composantes soient des fonctions rationnelles entières des composantes des vecteurs donnés et des dérivées de ces composantes par rapport aux coordonnées.

H. Burkhardt[17]) a cherché la forme la plus générale de telles fonctions en utilisant les méthodes établies par les algébristes pour

49) *G. G. Stokes,* Trans. Cambr. philos. Soc. 9 part I (1849/50), éd. 1851, p. 1; Papers 2, Cambridge 1883, p. 255 et suiv.

50) *L. Donati,* Memorie Ist. Bologna (5) 7 (1898), p. 1/26.

51) *A. Clebsch,* J. reine angew. Math. 61 (1863), p. 195; *E. Betti,* Il nuovo cimento [Pise] (2) 7 (1872), p. 75; *H. von Helmholtz,* J. reine angew. Math. 55 (1858), p. 25 et suiv.

52) *O. Blumenthal,* Math. Ann. 61 (1905), p. 235/50.

la formation des invariants. Tous les vecteurs ainsi obtenus sont rangés par lui en cinq catégories obtenues par les opérations suivantes:

a) Addition géométrique des vecteurs.

b) Formation du produit vectoriel à partir des vecteurs donnés et de leurs produits vectoriels, etc.

c) Application des opérations rot, grad, div, Δ aux vecteurs donnés.

d) Combinaison de deux vecteurs donnés en un nouveau vecteur dont les composantes sont

$$
(29)\qquad \begin{cases} a_x \dfrac{\partial b_x}{\partial x} + a_y \dfrac{\partial b_x}{\partial y} + a_z \dfrac{\partial b_x}{\partial z}, \\ a_x \dfrac{\partial b_y}{\partial x} + a_y \dfrac{\partial b_y}{\partial y} + a_z \dfrac{\partial b_y}{\partial z}, \\ a_x \dfrac{\partial b_z}{\partial x} + a_y \dfrac{\partial b_z}{\partial y} + a_z \dfrac{\partial b_z}{\partial z}. \end{cases}
$$

O. Heaviside représente ce vecteur par

$$\left(\vec{a}\,\nabla\right)\vec{b}.$$

Si $\vec{a}$ est un vecteur unité, $\left(\vec{a}\,\nabla\right)\vec{b}$ donne l'accroissement du vecteur $\vec{b}$ par unité de longueur d'un déplacement dans la direction de $\vec{a}$.

e) Multiplication des vecteurs donnés et des vecteurs obtenus par trois catégories de scalaires: produit scalaire de deux vecteurs, carré de la longueur ou divergence d'un vecteur.

Pour la réduction à l'une de ces formes, les règles de calcul suivantes, dont certaines ont déjà été indiquées, sont particulièrement utiles [13]) [14]):

$$(30)\qquad \operatorname{div}(g \operatorname{grad} f) = \frac{\partial g}{\partial x}\frac{\partial f}{\partial x} + \frac{\partial g}{\partial y}\frac{\partial f}{\partial y} + \frac{\partial g}{\partial z}\frac{\partial f}{\partial z} + g\Delta f,$$

$$(31)\qquad \operatorname{div} \vec{a} \times \vec{b} = \vec{b} \operatorname{rot} \vec{a} - \vec{a} \operatorname{rot} \vec{b},$$

$$(32)\qquad \operatorname{rot}\operatorname{rot} \vec{a} = \operatorname{grad}\operatorname{div} \vec{a} - \Delta \vec{a},$$

$$(33)\qquad \operatorname{grad}\left(\vec{a}\cdot\vec{b}\right) = \vec{a} \times \operatorname{rot} \vec{b} + \vec{b} \times \operatorname{rot} \vec{a} + \left(\vec{a}\,\nabla\right)\vec{b} + \left(\vec{b}\,\nabla\right)\vec{a},$$

$$(34)\qquad \operatorname{rot}\left(\vec{a} \times \vec{b}\right) = \vec{a} \operatorname{div} \vec{b} - \vec{b} \operatorname{div} \vec{a} + \left(\vec{b}\,\nabla\right)\vec{a} - \left(\vec{a}\,\nabla\right)\vec{b}.$$

Si l'on intègre les équations (30) et (31) dans un volume τ et si l'on transforme le premier membre en une intégrale de surface au moyen du théorème de Gauss, la première conduit au théorème de Green [53]), et la deuxième à une transformation analogue d'intégrale de volume en intégrale de surface.

---

53) *G. Green*, Essay on the application of mathematical analysis to the

H. Burkhardt ne fait intervenir que les rotations d'axes coordonnés et par suite ne distingue pas entre vecteurs polaires et axiaux. On peut cependant compléter ses résultats par la règle suivante: si les expressions qui se comportent comme des composantes de vecteurs pour une rotation des axes de coordonnées sont des produits contenant n facteurs composantes de vecteurs polaires ou pseudo-scalaires, *elles sont les composantes d'un vecteur polaire si n est impair et d'un vecteur axial si n est pair.* Une différentiation par rapport aux coordonnées est équivalente à la multiplication par une composante de vecteur polaire ou par un pseudoscalaire. Par exemple, il résulte de cette règle

1°) que le rotationnel d'un vecteur axial est un vecteur polaire et inversement;

2°) que la divergence d'un vecteur polaire est un scalaire pur, et celle d'un vecteur axial un pseudoscalaire;

3°) que le gradient d'un scalaire pur est un vecteur polaire et que le gradient d'un pseudoscalaire est un vecteur axial, etc.

Dans le domaine du calcul intégral, nous avons déjà introduit les opérateurs Pot, New et Lap qui permettent d'obtenir de nouveaux vecteurs et scalaires à partir de champs de vecteurs et de scalaires. L'opérateur Pot s'applique à un scalaire ou à un vecteur; l'opérateur New s'applique à un scalaire et représente le champ newtonien produit par des masses attirantes de densité égale au scalaire et agissant suivant la loi de Newton; l'opérateur Lap s'applique à un vecteur et représente le champ laplacien produit par des courants de densité égale au vecteur et agissant suivant la loi de Laplace en électromagnétisme. A ces opérateurs nous joindrons avec *J. W. Gibbs* [13]) l'opérateur qu'il nomme *maxwellien,* et qui, appliqué à un vecteur, représente le potentiel produit par une intensité d'aimantation égale au vecteur, c'est-à-dire

(35) $$\left(\mathrm{Max}\,\vec{a}\right)_1 = \int \frac{\vec{a}_2 \cdot \vec{r}^{\,0}_{12}}{r^2_{12}}\, d\tau_2 .$$

Les propriétés essentielles des opérateurs ainsi définis sont les suivantes: tout d'abord si ϱ est une fonction scalaire continue et telle que, à distance r infinie, le produit ϱr^3 reste fini, on démontre facilement la relation

$$\frac{\partial \,\mathrm{Pot}\, \varrho}{\partial x_1} = \mathrm{Pot} \frac{\partial \varrho}{\partial x_2};$$

---

theories of electricity and magnetism, Nottingham 1828; Papers, publ. par *N. M. Ferrers,* Londres 1871, p. 23; fac simile réimp. Paris 1903, p. 23.

d'où encore

(36) $$\text{grad Pot } \varrho = \text{Pot grad } \varrho - \text{New } \varrho,$$

(37) $$\text{rot Pot } \vec{u} = \text{Pot rot } \vec{u} = \text{Lap } \vec{u},$$

(38) $$\text{div Pot } \vec{u} = \text{Pot div } \vec{u} = \text{Max } \vec{u}.$$

La relation (37) est importante en ce qu'elle démontre que le champ laplacien produit par une distribution de courant $\vec{u}$ est nul quand rot $\vec{u}$ est partout nul, c'est-à-dire quand le courant est sans tourbillon ou que le champ du vecteur courant est newtonien; comme un gradient est toujours un champ newtonien, de même qu'un rotationnel est toujours un champ laplacien, on a donc identiquement

$$\text{Lap grad } \varphi = 0.$$

De même il résulte de la relation (38) que le maxwelien d'un vecteur sans divergence ou le maxwelien d'un champ laplacien est nul, et comme un rotationnel a une divergence nulle, on a identiquement

$$\text{Max rot } \vec{a} = 0.$$

En appliquant à cette même relation l'opérateur grad et en tenant compte de ce que grad Pot = New, on obtient

$$\text{grad Max } \vec{a} = \text{New div } \vec{a}.$$

Cette dernière relation correspond à l'expression du champ d'un aimant, gradient du maxwelien de son aimantation, en fonction des masses magnétiques, comme newtonien de la divergence de l'aimantation.

La décomposition d'un champ de vecteur en un champ laplacien et un champ newtonien se traduit par l'identité déjà indiquée en partie [n° **11** formule (28)]

(40) $$4\pi\vec{a} = \text{New div } \vec{a} + \text{Lap rot } \vec{a} = \text{grad Max } \vec{a} + \text{Lap rot } \vec{a}.$$

De cette formule (40) il résulte qu'à l'extérieur d'un aimant, où l'aimantation $\vec{a}$ est nulle, le champ magnétique

$$\text{grad Max } \vec{a}$$

peut être considéré comme le champ laplacien dû à une distribution de courants dans l'aimant avec la densité

$$-\text{rot } \vec{a}.$$

Cinématique et statique de milieux continus.

13. Déplacement homogène. Dans la théorie de l'élasticité, on considère le déplacement d'un milieu matériel continu remplissant l'espace comme déterminé lorsqu'on connaît la position de chaque point du milieu avant et après le déplacement; il est défini analytiquement par les équations qui expriment univoquement les coordonnées (ξ, η, ζ) d'un point après le déplacement en fonction de ses coordonnées initiales (x, y, z). Le cas le plus simple est celui où ces équations sont linéaires [54]):

$$(41)\qquad \begin{cases} \xi = a_1 + (1+a_{11})x + a_{12}y + a_{13}z\,, \\ \eta = a_2 + a_{21}x + (1+a_{22})y + a_{23}z\,, \\ \zeta = a_3 + a_{31}x + a_{32}y + (1+a_{33})z. \end{cases}$$

Une *transformation* spatiale de ce genre est appelée *affine* par les géomètres d'après *A. F. Möbius* [55]); *W. Thomson* et *P. G. Tait* [56]) appellent *déplacement homogène* le déplacement correspondant.

Des droites qui primitivement étaient parallèles et égales le restent après le déplacement. Des plans donnent des plans, et d'une manière générale le degré d'une surface reste invariable. Des points situés primitivement sur une sphère viennent sur un ellipsoïde, *l'ellipsoïde de déformation* [57]). Chaque système de trois diamètres rectangulaires de la sphère devient un système de diamètres conjugués dans l'ellipsoïde. *Il n'y a en général qu'un seul système de diamètres rectangulaires qui reste rectangulaire après la déformation: celui des axes de l'ellipsoïde de déformation.*

14. Fonction vectorielle linéaire. On peut décomposer la transformation affine (41) en une translation de composantes a_1, a_2, a_3, qui amène le point $x = y = z = 0$ dans sa nouvelle position, et une transformation linéaire homogène qui laisse ce point immobile. Nous nous occuperons uniquement de cette dernière, représentée par

$$(42)\qquad \begin{cases} \xi = (1+a_{11})x + a_{12}y + a_{13}z\,, \\ \eta = a_{21}x + (1+a_{22})y + a_{23}z\,, \\ \zeta = a_{31}x + a_{32}y + (1+a_{33})z. \end{cases}$$

Si l'on fait correspondre à chaque point du milieu un vecteur $\vec{r}$ qui représente sa distance à l'origine avant la déformation, les équations (42)

---

54) *A. L. Cauchy*, Exercices math. 2, Paris 1827, p. 60/9; Œuvres (2) 7, Paris 1889, p. 82/93.

55) Der barycentrische Calcul, Leipzig 1827, p. 141; Werke 1, Leipzig 1885, p. 180.

56) Treatise on natural philosophy, (1re éd.) 1, Oxford 1867; (2e éd.) 1, Cambridge 1879, p. 116.

57) *A. L. Cauchy*, Exercices math. 3, Paris 1828, p. 237/44; Œuvres (2) 8, Paris 1890, p. 278/87.

déterminent les relations entre les composantes de $\vec{r}$ et les composantes (ξ, η, ζ) du vecteur $\vec{\varrho}$ dans lequel $\vec{r}$ se transforme.

On appelle $\vec{\varrho}$ simplement „fonction linéaire“ de $\vec{r}$. La théorie des *fonctions vectorielles linéaires* a été développée par *P. G. Tait*[58]) et *J. W. Gibbs*[59]) au moyen de procédés symboliques. On représente la fonction vectorielle linéaire par

$$\vec{\varrho} = \varphi \vec{r},$$

où φ est un *opérateur linéaire* dépendant de neuf coefficients. On peut représenter φ par:

$$\varphi = i\vec{\alpha} + j\vec{\beta} + k\vec{\gamma},$$

$$\begin{aligned}
\vec{\alpha} &= (1 + a_{11})i + a_{12}j + a_{13}k \quad, \\
\vec{\beta} &= a_{21}i + (1 + a_{22})j + a_{23}k \quad, \\
\vec{\gamma} &= a_{31}i + a_{32}j + (1 + a_{33})k.
\end{aligned}$$

Une combinaison de produits symboliques, comme φ, est appelée par *J. W. Gibbs*[59]) une *dyadic*; si on utilise φ, dans la relation

$$\vec{\varrho} = \varphi \vec{r}$$

par exemple, comme premier facteur, on doit combiner les vecteurs $\vec{\alpha}, \vec{\beta}, \vec{\gamma}$ avec $\vec{r}$ d'après la règle du produit scalaire pour obtenir les équations (42). Si on l'utilise au contraire comme second facteur, dans la relation

$$\vec{\varrho}' = \vec{r}\varphi$$

par exemple, on doit faire les produits scalaires de $\vec{r}$ avec les facteurs i, j, k dans φ.

On obtient ainsi en effet, en formant $\varphi\vec{r}$ par la règle indiquée,

$$\varphi\vec{r} = i(\vec{\alpha} \cdot \vec{r}) + j(\vec{\beta} \cdot \vec{r}) + k(\vec{\gamma} \cdot \vec{r}) = \vec{\varrho},$$

$$\begin{aligned}
\vec{\alpha} \cdot \vec{r} &= (1 + a_{11})x + a_{12}y + a_{13}z = \xi, \\
\vec{\beta} \cdot \vec{r} &= a_{21}x + (1 + a_{22})y + a_{23}z = \eta, \\
\vec{\gamma} \cdot \vec{r} &= a_{31}x + a_{32}y + (1 + a_{33})z = \zeta.
\end{aligned}$$

Si l'on forme au contraire $\vec{r}\varphi$,

$$\vec{r}\varphi = (\vec{r} \cdot i)\vec{\alpha} + (\vec{r} \cdot j)\vec{\beta} + (\vec{r} \cdot k)\vec{\gamma} = x\vec{\alpha} + y\vec{\beta} + z\vec{\gamma} = \vec{\varrho}',$$

58) Quaternions[12]); cf. *W. K. Clifford*, Dynamics[55]) 1, p. 162.

59) Vector Analysis[9]), p. 260.

le vecteur ϱ' ainsi obtenu a pour composantes (ξ', η', ζ'):

$$\begin{aligned}\xi' &= (1 + a_{11})x + a_{21}y + a_{31}z,\\ \eta' &= a_{12}x + (1 + a_{22})y + a_{32}z,\\ \zeta' &= a_{13}x + a_{23}y + (1 + a_{33})z.\end{aligned}$$

On peut donc poser

$$\vec{\varrho}' = \varphi'\vec{r},$$

où

$$\varphi' = \vec{\alpha} i + \vec{\beta} j + \vec{\gamma} k$$

est appelé par *J. W. Gibbs* l'opérateur *conjugué* de φ.

Une fonction vectorielle linéaire s'introduit lorsqu'on étudie la manière dont varie un champ de vecteur autour d'un point: c'est la dérivée du champ de vecteur par rapport à des déplacements à partir de ce point dans toutes les directions.

La dérivée d'un champ de vecteur $\vec{b}$ dans une direction donnée, définie par les cosinus directeurs $\alpha_x, \alpha_y, \alpha_z$, est un vecteur de composantes

$$(42')\qquad \begin{aligned}&\alpha_x\frac{\partial b_x}{\partial x} + \alpha_y\frac{\partial b_x}{\partial y} + \alpha_z\frac{\partial b_x}{\partial z},\\ &\alpha_x\frac{\partial b_y}{\partial x} + \alpha_y\frac{\partial b_y}{\partial y} + \alpha_z\frac{\partial b_y}{\partial z},\\ &\alpha_x\frac{\partial b_z}{\partial x} + \alpha_y\frac{\partial b_z}{\partial y} + \alpha_z\frac{\partial b_z}{\partial z}.\end{aligned}$$

C'est donc une fonction vectorielle linéaire du vecteur unité de composantes $(\alpha_x, \alpha_y, \alpha_z)$ et dont les coefficients sont les neuf dérivées des composantes de $\vec{b}$ par rapport aux coordonnées.

Nous n'irons pas plus loin dans l'étude des méthodes symboliques parce que les relations cinématiques étudiées ici vont être développées par la méthode des coordonnées.

15. Décomposition en déformation pure et rotation. On peut demander quelles sont les directions non modifiées par le déplacement (42).

Ces directions sont déterminées par une équation du troisième degré ayant une ou trois racines réelles. Le premier cas se produit par exemple quand le déplacement se réduit à une rotation; dans le second cas il y a trois directions, généralement obliques les unes aux autres, que le déplacement laisse invariables.

Si ces trois directions, que le déplacement ne change pas, sont perpendiculaires entre elles, on appelle celui-ci une déformation pure[60]).

60) *W. Thomson* et *P. G. Tait,* Natural philos.[56]), (2e éd.) 1, p. 127 (nos 181, 182, 185).

Dans un tel déplacement, les axes de l'ellipsoïde de déformation restent immobiles.

Les conditions nécessaires et suffisantes pour que le déplacement (42) soit une déformation pure sont[49])

$$a_{21} = a_{12}, \quad a_{32} = a_{23}, \quad a_{13} = a_{31}.$$

Les fonctions vectorielles linéaires qui satisfont à ces conditions sont appelées[61]) *autoconjuguées* ou *symétriques.*

Un déplacement homogène quelconque peut toujours être considéré comme résultant, d'abord d'une rotation du corps autour d'un point fixe (à la manière d'un solide invariable), qui amène les axes de l'ellipsoïde de déformation dans leur position finale, puis d'une déformation pure (par extension des droites parallèles aux axes de l'ellipsoïde) *qui produit le changement de forme nécessaire.* Si la déformation pure est produite la première et la rotation ensuite, la position de l'axe de rotation est modifiée dans l'espace[62]). Les deux opérations dont le produit donne le déplacement homogène le plus général, se distinguent l'une de l'autre en ceci que les rotations forment un groupe tandis que les déformations pures n'en constituent pas un; deux déformations pures successives et d'axes différents ne donnent pas en général une déformation pure[60]).

16. Autres décompositions. En dehors du mode précédent, qui considère la déformation homogène générale comme le produit de deux transformations plus simples, il en existe une série d'autres. Parmi les déformations particulières qui interviennent ainsi, se trouve le glissement (Shear, Scherung, Schiebung). Dans le glissement, les points d'un certain plan conservent leurs positions initiales, et tous les autres points se déplacent parallèlement à une certaine droite de ce plan, d'une quantité proportionnelle à leur distance au plan[63]).

Une représentation due à *P. G. Tait*[62]) du déplacement homogène en général comme résultant de deux déformations simples (une déformation pure suivie d'une rotation d'un angle droit accompagnée d'une extension uniforme de toutes les droites perpendiculaires à l'axe de rotation) correspond à la décomposition de la fonction vectorielle linéaire générale en une partie symétrique [n° **17**] et une autre partie antisymétrique. La résultante des deux déformations successives s'ob-

61) Voir les notes 46 et 47.

62) *P. G. Tait* [Proc. R. Soc. Edinb. 7 (1869/72), p. 667/8; Papers 1, Cambridge 1898, p. 194/8] représente la décomposition au moyen des quaternions.

63) *W. Thomson* et *P. G. Tait,* Natural philos.[56]), (2e éd.) 1, p. 123 (nos 170 et suiv.).

tient en additionnant géométriquement les déplacements consécutifs d'un même point pour obtenir son déplacement total.

17. Déplacements infiniment petits, en général hétérogènes. La composition de plusieurs déplacements se présente sous une forme particulièrement simple lorsque les changements de position

$$\xi - x, \quad \eta - y, \quad \zeta - z$$

des points du milieu sont assez petits pour que les carrés et les produits des coefficients

$$a_{11}, \quad a_{12}, \quad \ldots, \quad a_{33}$$

des équations (42) puissent être négligés par rapport à ces coefficients eux-mêmes.

Si l'on effectue successivement plusieurs déplacements de ce genre, les coefficients correspondants s'additionnent et les changements de position successifs s'ajoutent géométriquement. De plus, deux déformations pures consécutives infiniment petites donnent une déformation pure infiniment petite.

La décomposition d'un déplacement homogène infiniment petit en déformation pure et rotation [n° **15**] *correspond à la décomposition de la fonction vectorielle linéaire en une partie symétrique et une partie antisymétrique; la déformation pure est déterminée par les coefficients*

$$a_{11}, \quad a_{22}, \quad a_{33}, \quad \frac{a_{21} + a_{12}}{2}, \quad \frac{a_{32} + a_{23}}{2}, \quad \frac{a_{13} + a_{31}}{2}$$

de la partie symétrique, et la rotation par les coefficients

$$\tfrac{1}{2}(a_{32} - a_{23}), \quad \tfrac{1}{2}(a_{13} - a_{31}), \quad \tfrac{1}{2}(a_{21} - a_{12})$$

de la partie antisymétrique; ces derniers donnent les composantes de la rotation, c'est-à-dire les rotations infiniment petites autour des axes coordonnés qui se composent dans la rotation résultante par la règle du parallélépipède.

La théorie des *déplacements hétérogènes* se ramène à celle des déplacements homogènes. La fonction continue de point qui représente le changement de position (u, v, w) au voisinage du point $P_0(x_0, y_0, z_0)$ peut se développer en série de Taylor[53]. Si le domaine autour du point est pris assez petit pour que les termes du premier ordre puissent être conservés seuls, on obtient les équations:

$$(43) \quad \begin{cases} u = \xi - x = u_0 + \left(\frac{\partial u}{\partial x}\right)_0 (x - x_0) + \left(\frac{\partial u}{\partial y}\right)_0 (y - y_0) + \left(\frac{\partial u}{\partial z}\right)_0 (z - z_0), \\ v = \eta - y = v_0 + \left(\frac{\partial v}{\partial x}\right)_0 (x - x_0) + \left(\frac{\partial v}{\partial y}\right)_0 (y - y_0) + \left(\frac{\partial v}{\partial z}\right)_0 (z - z_0), \\ w = \zeta - z = w_0 + \left(\frac{\partial w}{\partial x}\right)_0 (x - x_0) + \left(\frac{\partial w}{\partial y}\right)_0 (y - y_0) + \left(\frac{\partial w}{\partial z}\right)_0 (z - z_0), \end{cases}$$

de sorte que le déplacement peut être considéré comme homogène à l'intérieur de ce domaine[64]).

Le déplacement de tous les points du domaine se présente ainsi comme le produit d'une translation, qui amène le point P_0 dans sa position finale, d'une rotation et d'une déformation pure. Le déplacement d'un domaine qui entoure un point quelconque P dépend ainsi des neuf dérivées des composantes du changement de position par rapport aux coordonnées. Si, en particulier, ces dérivées sont infiniment petites, la rotation du domaine est donnée par

$$(43') \quad r_x = \frac{1}{2}\left(\frac{\partial w}{\partial y} - \frac{\partial v}{\partial z}\right), \quad r_y = \frac{1}{2}\left(\frac{\partial u}{\partial z} - \frac{\partial w}{\partial x}\right), \quad r_z = \frac{1}{2}\left(\frac{\partial v}{\partial x} - \frac{\partial u}{\partial y}\right).$$

La signification cinématique de ces quantités sera indiquée au n° **19**.

Il résulte des considérations précédentes qu'on peut considérer tout déplacement infiniment petit d'un milieu continu, par exemple celui qui correspond au mouvement d'un fluide pendant un temps infiniment petit, comme la superposition d'une translation, d'une rotation et d'une dilatation dans trois directions rectangulaires[65]). *J. Bertrand*[66]) a proposé d'autres modes de décomposition; les objections qu'avait soulevées cet auteur contre la validité du mode précédent ont été levées à la suite d'une discussion approfondie.

18. Déformation (strain) dans un déplacement homogène. Tenseurs. Pour la théorie de l'élasticité, la déformation est d'importance beaucoup plus grande que la translation et la rotation puisque la première seule donne naissance à des réactions élastiques qui n'existent pas dans le déplacement à la manière d'un solide invariable. Il est donc nécessaire de chercher quelles grandeurs caractérisent la déformation: nous allons les obtenir d'abord pour le déplacement homogène (42) auquel se ramène le déplacement hétérogène par les équations (43).

La déformation d'un corps est évidemment déterminée quand on connaît les distances mutuelles de tous les points avant et après le déplacement. On a déjà remarqué [n° **13**] que les longueurs de deux droites sont égales après le déplacement homogène si elles l'étaient

---

64) *G. G. Stokes,* Trans. Cambr. philos. Soc. 8 (1842/9), p. 287 [1845]; Papers 1, Cambridge 1880, p. 75.

65) *A. L. Cauchy,* Exercices d'analyse et de phys. math. 2, Paris 1841, p. 302/30; *G. G. Stokes*[64]); *H. von Helmholtz,* J. reine angew. Math. 55 (1858), p. 25 et suiv.

66) C. R. Acad. sc. Paris 66 (1868), p. 1227; 67 (1868), p. 267, 469, 773; cf. *H. von Helmholtz,* C. R. Acad. sc. Paris 67 (1868), p. 221, 754, 1034; *E. Beltrami,* Memorie Ist. Bologna (3) 1 (1870/1), p. 432; Opere 2, Milan 1904, p. 202.

avant. *Il en résulte que la déformation dans un déplacement homogène est univoquement déterminée par les changements de longueur de tous les rayons vecteurs issus de l'origine*[67]).

Si r est la longueur du vecteur joignant l'origine au point (x, y, z) avant le déplacement et ϱ la longueur du vecteur correspondant après celle-ci, on a, d'après les équations (42),

$$(44)\quad \varrho^2 = r^2 + 2\,[e_x \cdot x^2 + e_y \cdot y^2 + e_z \cdot z^2 + g_{yz} \cdot yz + g_{zx} \cdot zx + g_{xy} \cdot xy],$$

où l'on a posé

$$(45)\quad \begin{aligned} e_x &= a_{11} + \tfrac{1}{2}(a_{11}^2 + a_{21}^2 + a_{31}^2), \\ e_y &= a_{22} + \tfrac{1}{2}(a_{12}^2 + a_{22}^2 + a_{32}^2), \\ e_z &= a_{33} + \tfrac{1}{2}(a_{13}^2 + a_{23}^2 + a_{33}^2); \end{aligned}$$

$$(45')\quad \begin{aligned} g_{yz} &= a_{23} + a_{32} + (a_{12} \cdot a_{13} + a_{22} \cdot a_{23} + a_{32} \cdot a_{33}), \\ g_{zx} &= a_{31} + a_{13} + (a_{13} \cdot a_{11} + a_{23} \cdot a_{21} + a_{33} \cdot a_{31}), \\ g_{xy} &= a_{12} + a_{21} + (a_{11} \cdot a_{12} + a_{21} \cdot a_{22} + a_{31} \cdot a_{32}). \end{aligned}$$

La déformation est déterminée par ces six grandeurs[43]). L'angle que forment après le déplacement deux droites primitivement dirigées suivant les vecteurs r_1, r_2, est donné par l'équation

$$(46)\quad \begin{aligned} \varrho_1 \varrho_2 \cos(\varrho_1 \varrho_2) &= r_1 r_2 \cos(r_1 r_2) \\ &+ [2e_x x_1 x_2 + 2e_y y_1 y_2 + 2e_z z_1 z_2 + g_{yz}(y_1 z_2 + y_2 z_1) \\ &+ g_{zx}(z_1 x_2 + z_2 x_1) + g_{xy}(x_1 y_2 + x_2 y_1)]. \end{aligned}$$

La signification cinématique des six grandeurs

$$e_x,\ e_y,\ e_z,\ g_{yz},\ g_{zx},\ g_{xy}$$

résulte des équations (44) et (46). Soient x, y, z trois droites primitivement dirigées suivant les axes de coordonnées, a, b, c les droites dans lesquelles le déplacement les transforme. On a[68])

$$(47)\quad e_x = \frac{a^2 - x^2}{2x^2}, \quad e_y = \frac{b^2 - y^2}{2y^2}, \quad e_z = \frac{c^2 - z^2}{2z^2},$$

$$(47')\quad g_{yz} = \frac{bc}{yz}\cos(bc), \quad g_{zx} = \frac{ca}{zx}\cos(ca), \quad g_{xy} = \frac{ab}{xy}\cos(ab).$$

Les trois premières grandeurs donnent donc les demi-changements relatifs des carrés des droites primitivement dirigées suivant les axes et les trois dernières déterminent les angles que ces droites font entre elles après le déplacement.

Si l'on introduit un nouveau système de coordonnées, (x', y', z'),

---

67) *A. E. H. Love*, Treatise on the mathematical theory of elasticity 1, Cambridge 1892 (chap. 1); (2ᵉ éd.) 1, Cambridge 1906, p. 65.

68) *G. Green*, Trans. Cambr. philos. Soc. 7 (1838/42), p. 121/40 [1839]; Papers[53]), p. 293/311.

il résulte de l'équation (44), puisque les longueurs r et ϱ des rayons vecteurs sont invariables dans le changement des coordonnées, que l'expression

$$(48)\qquad e_x \cdot x^2 + e_y \cdot y^2 + e_z \cdot z^2 + g_{yz} \cdot yz + g_{zx} \cdot zx + g_{xy} \cdot xy$$

est un invariant de la transformation.

De même, l'expression formée au moyen des composantes A_x, A_y, A_z d'un vecteur quelconque

$$(48')\qquad (A_x \cdot x + A_y \cdot y + A_z \cdot z)^2 =$$
$$A_x^2 \cdot x^2 + A_y^2 \cdot y^2 + A_z^2 \cdot z^2 + 2A_yA_z \cdot yz + 2A_zA_x \cdot zx + 2A_xA_y \cdot xy$$

est indépendante du choix des coordonnées. Donc les six coefficients de

$$x^2,\ y^2,\ z^2,\ yz,\ zx,\ xy$$

dans les expressions (48) et (48') sont cogrédients [n° **3**].

Les formules de transformation d'après lesquelles les six grandeurs

$$e_x,\ e_y,\ e_z,\ \tfrac{1}{2}g_{yz},\ \tfrac{1}{2}g_{zx},\ \tfrac{1}{2}g_{xy}$$

se modifient par un changement d'axes de coordonnées sont indentiques à celles qui correspondent aux carrés et produits

$$A_x^2,\ A_y^2,\ A_z^2,\ A_yA_z,\ A_zA_x,\ A_xA_y$$

des composantes d'un vecteur.

Un tel complexe de six grandeurs est appelé par *J. W. Gibbs*[69]) *right tensor; W. Voigt*[70]) l'appelle *triple tenseur (tensortripel); les six grandeurs elles-mêmes sont les composantes de tenseur et ce nom s'applique à tous les systèmes de six grandeurs qui se transforment de la même manière dans un changement d'axes de coordonnées.* Ce terme se justifie par le fait [n° **15**] que la déformation peut être considérée comme résultant de trois dilatations suivant les axes de l'ellipsoïde de déformation.

Ces axes [n° **13**] ne modifient pas leurs angles pendant la déformation. On peut donc chercher leur position initiale en cherchant le système d'axes coordonnés rectangulaires pour lequel

$$g_{y'z'} = g_{z'x'} = g_{x'y'} = 0.$$

Ces directions coïncident avec celles des axes de la surface du se-

69) Vector analysis[9]), p. 55, 351. Le nom „tenseur" est employé quelquefois dans un autre sens (cf. note 10).

70) Physik. Eigensch. Kryst.[16]), p. 20 et suiv.; Rapport présenté au congrès international de physique sur l'état actuel de nos connaissances sur l'élasticité des cristaux 1, Paris 1900, p. 277 et suiv.; Nachr. Ges. Gött. 1900, math. p. 4 et suiv.

cond degré

(49) $$x^2 e_x + y^2 e_y + z^2 e_z + yz\, g_{yz} + zx\, g_{zx} + xy\, g_{xy} = \pm 1$$

dont les rayons vecteurs d'après l'équation (44) subissent tous l'accroissement ou la diminution 1 du carré de leur longueur.

Si le signe + dans l'équation (49) correspond à un ellipsoïde réel, tous les rayons vecteurs subissent une extension; si le signe — donne un ellipsoïde réel, tous sont contractés, et si l'équation (49) représente deux hyperboloïdes conjugués, les rayons vecteurs de l'un sont allongés et ceux de l'autre contractés par la déformation. La détermination des axes de cette surface est résolue par l'équation du troisième degré

$$\begin{vmatrix} e_x - \sigma & \frac{1}{2} g_{xy} & \frac{1}{2} g_{zx} \\ \frac{1}{2} g_{xy} & e_y - \sigma & \frac{1}{2} g_{yz} \\ \frac{1}{2} g_{zx} & \frac{1}{2} g_{yz} & e_z - \sigma \end{vmatrix} = 0$$

dont les coefficients[71])

(50) $$e_x + e_y + e_z, \qquad e_y e_z + e_z e_x + e_x e_y - \tfrac{1}{4}(g_{yz}^2 + g_{zx}^2 + g_{xy}^2),$$
$$e_x e_y e_z + \tfrac{1}{4}(g_{yz} \cdot g_{zx} \cdot g_{xy} - e_x \cdot g_{yz}^2 - e_y \cdot g_{zx}^2 - e_z \cdot g_{xy}^2)$$

sont les *invariants primitifs du triple tenseur.*

19. Déformation hétérogène infiniment petite. Champs de tenseurs. Dans la mécanique des milieux continus on se limite en général à la considération de déformations infiniment petites, c'est-à-dire telles que les changements relatifs de longueur et les changements d'angles soient assez petits pour qu'on puisse négliger leurs carrés et leurs produits.

Dans ce cas, les six composantes (47), (47') du triple tenseur prennent une signification plus simple. Les trois premières donnent les variations relatives de trois longueurs primitivement dirigées suivant les axes coordonnés, et les trois autres donnent les diminutions des angles primitivement droits que ces directions forment entre elles. Ces dilatations et glissements (en allemand „Dehnungen" et „Gleitungen", en anglais „extensions" et „shears" ou „slides", en italien „dilatazioni" et „scorrimenti"), sont déterminés pour une déformation infiniment petite par les équations (45) et (45').

Ainsi qu'on l'a vu au nº **17**, le déplacement hétérogène peut se ramener au cas du déplacement homogène au moyen des équations (43).

Les dilatations et glissements dans un déplacements hétérogène in-

---

71) *W. J. M. Rankine,* Philos. Trans. London 146 (1856), p. 261 et suiv.

finiment petit sont donc exprimés par[72])

$$(51)\quad \begin{cases} e_x = \frac{\partial u}{\partial x} + \frac{1}{2}\left[\left(\frac{\partial u}{\partial x}\right)^2 + \left(\frac{\partial v}{\partial x}\right)^2 + \left(\frac{\partial w}{\partial x}\right)^2\right], \\ e_y = \frac{\partial v}{\partial y} + \frac{1}{2}\left[\left(\frac{\partial u}{\partial y}\right)^2 + \left(\frac{\partial v}{\partial y}\right)^2 + \left(\frac{\partial w}{\partial y}\right)^2\right], \\ e_z = \frac{\partial w}{\partial z} + \frac{1}{2}\left[\left(\frac{\partial u}{\partial z}\right)^2 + \left(\frac{\partial v}{\partial z}\right)^2 + \left(\frac{\partial w}{\partial z}\right)^2\right], \\ g_{yz} = \frac{\partial v}{\partial z} + \frac{\partial w}{\partial y} + \left(\frac{\partial u}{\partial y}\cdot\frac{\partial u}{\partial z} + \frac{\partial v}{\partial y}\cdot\frac{\partial v}{\partial z} + \frac{\partial w}{\partial y}\cdot\frac{\partial w}{\partial z}\right), \\ g_{zx} = \frac{\partial w}{\partial x} + \frac{\partial u}{\partial z} + \left(\frac{\partial u}{\partial x}\cdot\frac{\partial u}{\partial z} + \frac{\partial v}{\partial x}\cdot\frac{\partial v}{\partial z} + \frac{\partial w}{\partial x}\cdot\frac{\partial w}{\partial z}\right), \\ g_{xy} = \frac{\partial u}{\partial y} + \frac{\partial v}{\partial x} + \left(\frac{\partial u}{d y}\cdot\frac{\partial u}{\partial x} + \frac{\partial v}{\partial y}\cdot\frac{\partial v}{\partial x} + \frac{\partial w}{\partial y}\cdot\frac{\partial w}{\partial x}\right), \end{cases}$$

Ces dilatations et glissements se transforment comme des composantes de tenseur dans un changement d'axes coordonnés.

Dans une déformation infiniment petite, la surface (49) possède cette propriété que l'inverse du carré de son rayon vecteur représente la dilatation ou la contraction relative du rayon vecteur correspondant[53]).

L'hypothèse de la déformation infiniment petite n'exclut pas la possibilité que les changements de position et quelques-unes de leurs dérivées soient finis puisque la rotation peut être finie.

Si la rotation est elle-même infiniment petite, les équations (51) se simplifient puisqu'on y peut négliger les carrés et les produits des dérivées; les dilatations et glissements prennent ainsi la forme[73])

$$(52)\quad e_x = \frac{\partial u}{\partial x}, \quad e_y = \frac{\partial v}{\partial y}, \quad e_z = \frac{\partial w}{\partial z},$$

$$g_{yz} = \frac{\partial v}{\partial z} + \frac{\partial w}{\partial y}, \quad g_{zx} = \frac{\partial w}{\partial x} + \frac{\partial u}{\partial z}, \quad g_{xy} = \frac{\partial u}{\partial y} + \frac{\partial v}{\partial x}.$$

La dilatation relative de l'élément de volume devient dans ce cas

$$\frac{\partial u}{\partial x} + \frac{\partial v}{\partial y} + \frac{\partial w}{\partial z},$$

c'est-à-dire est égale à la divergence du vecteur déplacement.

72) Cf. *G. Green*[68]); *B. de Saint-Venant*, C. R. Acad. sc. Paris 24 (1847), p. 260/3; *C. L. M. H. Navier*, Leçons sur la résistance des corps solides, (3e éd.) Paris 1864, p. 589; (appendice III).

73) *G. Kirchhoff*, J. reine angew. Math. 56 (1859), p. 286; Ges. Abh., Leipzig 1882, p. 287; Mechanik 1, Leipzig 1877, p. 123. Il emploie pour les grandeurs (52) les notations

$$x_x, \ y_y, \ z_z, \ y_z = z_y, \ z_x = x_z, \ x_y = y_x.$$

Une table des notations employées pour les déformations par les divers auteurs se trouve dans *I. Todhunter* et *K. Pearson*, A history of the theory of elasticity 1, Cambridge 1886, p. 322.

Dans une déformation hétérogène, les six composantes du triple tenseur caractérisant le „champ de tenseur“ ne peuvent pas être choisies indépendamment les unes des autres. Elles doivent satisfaire six équations différentielles si les divers éléments du milieu doivent encore après la déformation être juxtaposés de manière continue. On obtient ces conditions en éliminant u, v, w des équations (51) ou (52); elles ont été données dans ce dernier cas par *G. Kirchhoff*[74]) et dans le cas général des équations (51) par *B. de Saint-Venant*[75]). Ce sont:

$$(53)\quad\begin{cases}\dfrac{\partial^2 g_{yz}}{\partial y\,\partial z}=\dfrac{\partial^2 e_y}{\partial z^2}+\dfrac{\partial^2 e_z}{\partial y^2}, & 2\dfrac{\partial^2 e_x}{\partial g\,\partial z}=\dfrac{\partial}{\partial x}\left(-\dfrac{\partial g_{yz}}{\partial x}+\dfrac{\partial g_{zx}}{\partial y}+\dfrac{\partial g_{xy}}{\partial z}\right),\\[2ex] \dfrac{\partial^2 g_{zx}}{\partial z\,\partial x}=\dfrac{\partial^2 e_z}{\partial x^2}+\dfrac{\partial^2 e_x}{\partial z^2}, & 2\dfrac{\partial^2 e_y}{\partial z\,\partial x}=\dfrac{\partial}{\partial y}\left(\dfrac{\partial g_{yz}}{\partial x}-\dfrac{\partial g_{zx}}{\partial y}+\dfrac{\partial g_{xy}}{\partial z}\right),\\[2ex] \dfrac{\partial^2 g_{xy}}{\partial x\,\partial y}=\dfrac{\partial^2 e_x}{\partial y^2}+\dfrac{\partial^2 e_y}{\partial x^2}, & 2\dfrac{\partial^2 e_z}{\partial x\,\partial y}=\dfrac{\partial}{\partial z}\left(\dfrac{\partial g_{yz}}{\partial x}+\dfrac{\partial g_{zx}}{\partial y}-\dfrac{\partial g_{xy}}{\partial z}\right).\end{cases}$$

Dans le cas où l'on envisage des déplacements *finis* les équations (53) n'ont plus lieu[76]).

E. Beltrami[77]) a montré que les conditions (53) sont non seulement nécessaires mais encore suffisantes pour que six fonctions de point,

$$e_x,\ e_y,\ e_z,\ g_{yz},\ g_{zx},\ g_{xy},$$

soient des valeurs possibles des dilatations et des glissements dans la déformation hétérogène d'un milieu continu. Le champ de tenseur ayant pour composantes les dilatations

$$e_x,\ e_y,\ e_z$$

et les demi-glissements

$$g_{yz},\ g_{zx},\ g_{xy}$$

n'est par conséquent pas le champ de tenseur continu le plus général.

20. Tensions à l'intérieur d'un corps (stress[71]), Spannungen). Si l'on communique aux points d'un corps remplissant l'espace de manière continue un déplacement infiniment petit de composantes

$$u,\ v,\ w,$$

74) J. reine angew. Math. 56 (1859), p. 292; Ges. Abh., Leipzig 1882, p. 301; Mechanik 1, Leipzig 1877, p. 398.

75) *B. de Saint-Venant,* dans *C. L. M. H. Navier,* Résistance des solides[72]), (3ᵉ éd.) p. 598 (appendice III).

76) *O. Manville* [Mém. Soc. sc. phys.-nat. Bordeaux (6) 2 (1902), p. 83/162] a étudié les équations par lesquelles, dans le cas de déplacements finis, il faut remplacer les équations (53).

77) Memorie Ist. Bologna (4) 7 (1885/6), p. 3; Rend. Circ. mat. Palermo 3 (1889), p. 76; C. R. Acad. sc. Paris 108 (1889), p. 502.

les composantes de la rotation infiniment petite d'un élément de volume sont, d'après les équations (43'),

$$r_x = \frac{1}{2}\left(\frac{\partial w}{\partial y} - \frac{\partial v}{\partial z}\right), \quad r_y = \frac{1}{2}\left(\frac{\partial u}{\partial z} - \frac{\partial w}{\partial x}\right), \quad r_z = \frac{1}{2}\left(\frac{\partial v}{\partial x} - \frac{\partial u}{\partial y}\right);$$

d'après le n° **6**, ce sont là les composantes d'un vecteur axial; elles possèdent l'invariant

$$r_x^2 + r_y^2 + r_z^2. \tag{54}$$

D'un autre côté, les composantes de la déformation sont données par (43'') et (42). Elles possèdent d'après (50) l'invariant quadratique

$$e_x^2 + e_y^2 + e_z^2 + \tfrac{1}{2}(g_{yz}^2 + g_{zx}^2 + g_{xy}^2). \tag{54'}$$

La rotation et la déformation sont accompagnées de pressions ou tensions dans l'intérieur du corps. Découpons-y un parallélépipède infiniment petit[78]) dont les faces soient parallèles aux plans coordonnés et représentons, d'après *G. Kirchhoff*[73]), les pressions sur les faces par

$$X_x,\ Y_x,\ Z_x, \qquad X_y,\ Y_y,\ Z_y, \qquad X_z,\ Y_z,\ Z_z,$$

où l'indice représente toujours la normale extérieure à la face sur laquelle s'exerce la pression considérée.

X_x, Y_y, Z_z sont les *pressions normales*, X_y, Y_x, Y_z, Z_y, Z_x, X_z les *pressions tangentielles*.

Pour déterminer la nature géométrique de ces grandeurs, nous devons chercher comment elles se transforment dans un changement de coordonnées qui change l'orientation du parallélépipède élémentaire. On y arrive de la manière la plus simple en formant l'expression du travail que fournissent les pressions pour des rotations et des déformations virtuelles et en utilisant l'invariance de cette expression dans une transformation d'axes coordonnés.

Le travail fourni, par unité de volume, pour des dilatations virtuelles

$$\delta e_x,\ \delta e_y,\ \delta e_z$$

et pour des glissements virtuels

$$\delta g_{yz},\ \delta g_{zx},\ \delta g_{xy}$$

est[79])

$$\begin{aligned}\delta A' = {} & X_x\,\delta e_x + Y_y\,\delta e_y + Z_z\,\delta e_z \\ & + \tfrac{1}{2}(Y_z+Z_y)\,\delta g_{yz} + \tfrac{1}{2}(Z_x+X_z)\,\delta g_{zx} + \tfrac{1}{2}(X_y+Y_x)\,\delta g_{xy}\end{aligned} \tag{55}$$

78) *A. L. Cauchy* [Exercices math. 2, Paris 1827, p. 42/56; Œuvres (2) 7, Paris 1889, p. 60/78] emploie un tétraèdre infiniment petit au lieu d'un parallélépipède élémentaire.

79) *W. J. M. Rankine*[71]); *W. Thomson*, Philos. Trans. London 146 II (1856), p. 481; Papers 3, Cambridge 1890, p. 84.

et le travail fourni dans la rotation virtuelle δr_x, δr_y, δr_z est

(55') $$\delta A'' = (Z_y - Y_z)\delta r_x + (X_z + Z_x)\delta r_y + (Y_x + X_y)\delta r_z.$$

Comme les changements virtuels des composantes de tenseur

$$e_x,\ e_y,\ e_z,\ \tfrac{1}{2}g_{yz},\ \tfrac{1}{2}g_{zx},\ \tfrac{1}{2}g_{xy}$$

sont eux-mêmes des composantes de tenseur, il résulte de l'invariance des expressions (54') et (55) que

$$e_x,\quad e_y,\quad e_z,\quad \tfrac{1}{2}g_{yz},\quad \tfrac{1}{2}g_{zx},\quad \tfrac{1}{2}g_{xz}$$

et

$$X_x,\quad Y_y,\quad Z_z,\quad \tfrac{1}{2}(Y_z + Z_y),\quad \tfrac{1}{2}(Z_x + X_z),\quad \tfrac{1}{2}(X_y + Y_x)$$

sont des variables contragrédientes [n° **3**] à

$$e_x,\ e_y,\ e_z,\ g_{yz},\ g_{zx},\ g_{xy},$$

et par suite ces deux séries de variables sont entre elles cogrédientes[79]).

Les combinaisons des composantes de pression

$$X_x,\ Y_y,\ Z_z,\ \tfrac{1}{2}(Y_z + Z_y),\ \tfrac{1}{2}(Z_x + X_z),\ \tfrac{1}{2}(X_y + Y_x)$$

sont elles-mêmes les composantes d'un triple tenseur[79]), c'est-à-dire se transforment comme des carrés et des produits de composantes de vecteur[80]).

Il résulte des expressions (54) et (55'), d'une manière analogue, que

$$Z_y - Y_z,\ X_z - Z_x,\ Y_x - X_y$$

sont les composantes d'un vecteur axial[81]), le *moment* total des pressions. On le suppose généralement nul dans la théorie de l'élasticité. Si cependant la somme des moments des forces extérieures exercées sur le parallélépipède n'est pas un infiniment petit d'ordre supérieur au volume de cet élément, le couple des pressions doit intervenir également, par exemple à l'intérieur d'un aimant permanent[82]).

Si le couple des pressions s'annule, on peut représenter l'ensemble des pressions en un point au moyen de la surface du second degré

(56) $$X_x x^2 + Y_y y^2 + Z_z z^2 + 2Y_z yz + 2Z_x zx + 2X_y xy = \pm 1$$

qui permet de déterminer la grandeur et la direction de la pression exercée sur un élément de surface quelconque passant par le point[83]).

---

80) *A. L. Cauchy,* Exercices math. 4, Paris 1829, p. 33; Œuvres (2) 9, Paris 1891, p. 44.

81) *W. Voigt*, Nachr. Ges. Gött. 1900, math. p. 14; Rapport présenté au congrès international de physique[70]) 1, p. 292.

82) *J. Clerk Maxwell,* Treatise on electricity[8]) 2, Londres 1873, p. 253.

83) *A. L. Cauchy*[78]); *W. Thomson,* Philos. Trans. London 146 II (1856), p. 485; Papers 3, Cambridge 1890, p. 88. *W. Thomson* et *P. G. Tait,* Natural philos.[56]) 2, Cambridge 1883, p. 207.

On a utilisé pour cette représentation d'autres surfaces du second degré[84]).

Les tenseurs interviennent non seulement dans la cinématique et la statique des milieux continus, mais encore dans d'autres chapitres de la physique mathématique, en particulier dans ceux où interviennent des relations linéaires entre les vecteurs [n° **23**]. Les moments d'inertie [IV 5] d'un corps solide par rapport aux axes qui passent par un point sont représentés par un triple tenseur.

Le fonction vectorielle (42') qui donne la dérivée d'un champ de vecteur dans une direction quelconque coïncide avec celle qui donne l'état autour d'un point d'un milieu continu qui a subi un déplacement infiniment petit proportionnel en chaque point ou vecteur de champ $\vec{b}$. L'élément géométrique qui représente la variation autour d'un point du champ de vecteur $\vec{b}$ se compose donc d'un vecteur, le rotationnel de $\vec{b}$ de composantes

$$\frac{\partial bz}{\partial y} - \frac{\partial by}{\partial z}, \frac{\partial bx}{\partial z} - \frac{\partial bz}{\partial x}, \frac{\partial by}{\partial x} + \frac{\partial bx}{\partial y}, \ldots$$

et d'un triple tenseur de composantes

$$\frac{\partial bx}{\partial x}, \frac{\partial by}{\partial y}, \frac{\partial bz}{\partial z}, \frac{1}{2}\left(\frac{\partial bz}{\partial y} + \frac{\partial by}{\partial z}\right), \frac{1}{2}\left(\frac{\partial bx}{\partial z} + \frac{\partial bz}{\partial x}\right), \frac{1}{2}\left(\frac{\partial by}{\partial x} + \frac{\partial bx}{\partial y}\right).$$

Nous nous sommes occupé jusqu'ici de la cinématique et de la statique d'un milieu continu dont l'état est déterminé par le déplacement de chacun de ses points. Si l'on se place au point de vue de l'hypothèse moléculaire, cette conception est trop restreinte puisqu'elle tient compte uniquement du déplacement des molécules et non de leur rotation.

On a généralisé la théorie de l'élasticité en y introduisant ces rotations possibles[85]) et en admettant que les éléments de volume puissent exercer à travers leurs surfaces de séparation, non seulement des forces, mais encore des couples[86]). On a développé sur des bases analogues des théories du champ électromagnétique où les déplace-

---

84) *A. L. Cauchy*[76]); *G. Lamé*, Leçons sur la théorie mathématique de l'élasticité, (1re éd.) Paris 1852; (2e éd.) Paris 1866, p. 53; *F. E. Neumann*, Vorlesungen über die Theorie der Elastizität, publ. par *O. E. Meyer*, Leipzig 1885, p. 32 et suiv.

85) Voir par ex. *W. Voigt*, Abh. Ges. Gött. 34 (1887), p. 1/9; Compendium der theoretischen Physik 1, Leipzig 1895, p. 119/28.

86) Cf. *E. Cosserat* et *F. Cosserat*, Théorie des corps déformables, Paris 1909, p. 122 et suiv.

ments et les rotations des particules du milieu se commandaient mutuellement et où intervenaient les relations mutuelles des deux champs d'un vecteur polaire et d'un vecteur axial. Des indications plus complètes sur ce point trouveront leur place dans le Tome V de l'Encyclopédie.

21. Introduction des coordonnées curvilignes dans les champs de vecteur et de tenseur. Les coordonnées curvilignes sont intervenues d'abord dans la mécanique des systèmes à un nombre fini de degrés de liberté[87]) et dans la théorie des surfaces[88]). Leur introduction dans la mécanique des milieux continus et en physique mathématique est principalement due à *G. Lamé*[89]).

Considérons dans un champ trois familles de surfaces

$$f_1(x, y, z) = \alpha, \qquad f_2(x, y, z) = \beta, \qquad f_3(x, y, z) = \gamma$$

telles que par chaque point du champ passe une surface de chaque famille, les paramètres α, β, γ constituent un système de coordonnées curvilignes. L'introduction de ces paramètres α, β, γ est particulièrement utile lorsque le vecteur ou tenseur considéré doit remplir des conditions aux limites données sur certaines surfaces $f_1 = \text{const}$, $f_2 = \text{const}$, $f_3 = \text{const}$. Les paramètres α, β, γ doivent être choisis de telle manière qu'ils déterminent un point du champ de manière univoque; on peut alors exprimer les composantes de vecteur ou de tenseur en fonctions uniformes des coordonnées curvilignes. Nous examinerons seulement le cas des coordonnées orthogonales, puisque les problèmes de la physique n'ont fait intervenir presque exclusivement que de tels systèmes.

On appelle *coordonnées orthogonales* les paramètres α, β, γ de trois familles de surfaces qui se coupent orthogonalement et par suite, d'après un théorème de *Ch. Dupin*, suivant leurs lignes de courbure. Le carré de la longueur de l'élément dr qui joint le point (α, β, γ) au point $(\alpha + d\alpha, \beta + d\beta, \gamma + d\gamma)$ est, dans l'hypothèse des coordonnées orthogonales,

$$dr^2 = \frac{d\alpha^2}{h_1^2} + \frac{d\beta^2}{h_2^2} + \frac{d\gamma^2}{h_3^2}. \tag{57}$$

Les composantes d'un vecteur A dans les directions des (α, β, γ) croissants sont liées à ses composantes suivant les axes (x, y, z) par

87) Cette étude est due à *J. L. Lagrange* [voir à ce sujet l'article IV 13 de l'Encyclopédie].

88) Cette théorie est due à *C. F. Gauss*, [cf. tome III de l'Encyclopédie].

89) J. Ec. polyt. (1) cah. 23 (1834), p. 215, 247; Coord. curvi- lignes[26]), p. 7.

les équations

$$(58)\qquad \begin{aligned} A_x &= A_\alpha \cdot h_1 \frac{\partial x}{\partial \alpha} + A_\beta \cdot h_2 \frac{\partial x}{\partial \beta} + A_\gamma \cdot h_3 \frac{\partial x}{\partial \gamma}, \\ A_y &= A_\alpha \cdot h_1 \frac{\partial y}{\partial \alpha} + A_\beta \cdot h_2 \frac{\partial y}{\partial \beta} + A_\gamma \cdot h_3 \frac{\partial y}{\partial \gamma}, \\ A_z &= A_\alpha \cdot h_1 \frac{\partial z}{\partial \alpha} + A_\beta \cdot h_2 \frac{\partial z}{\partial \beta} + A_\gamma \cdot h_3 \frac{\partial z}{\partial \gamma}, \end{aligned}$$

dont les coefficients représentent les cosinus des angles que forment entre eux les deux systèmes d'axes. La transformation de la divergence dans le nouveau système de coordonnées s'obtient en cherchant les expressions des neuf dérivées de A_x, A_y, A_z par rapport à x, y, z en fonction des paramètres α, β, γ, des composantes A_α, A_β, A_γ et de leurs dérivées par rapport à α, β, γ. Le calcul par rapport aux nouveaux axes des composantes du rotationnel [n° **6**] et du triple tenseur (52) présente encore une application de ces mêmes expressions.

Les calculs ont été effectués par *G. Lamé* et *C. Neumann*[90]; *E. Beltrami*[91]) les a étendus au cas de coordonnées curvilignes quelconques. Les méthodes suivantes conduisent plus rapidement au but.

a) *La méthode des axes mobiles*[92]) lie au système de coordonnées orthogonales un système d'axes cartésiens rectangulaires (x_1, y_1, z_1) dirigés suivant les normales aux surfaces

$$\alpha = \text{const.}, \quad \beta = \text{const.}, \quad \gamma = \text{const.}$$

Si l'on passe au point infiniment voisin $(\alpha + d\alpha, \beta, \gamma)$, on doit faire subir au système de coordonnées (x_1, y_1, z_1) des rotations déterminées $d\theta_1$, $d\theta_2$, $d\theta_3$ autour des trois axes pour qu'il coïncide avec les nouvelles normales. D'après cela, l'accroissement

$$\frac{\partial A_{x_1}}{\partial x_1} dx_1 = \frac{\partial A_{x_1}}{\partial x_1} \frac{d\alpha}{h_1}$$

que subit la composante A_{x_1} se compose d'une partie déterminée par la variation de A_α en fonction de α, et d'une autre partie où figurent deux termes proportionnels aux composantes A_β, A_γ et aux rotations $(d\theta_3)$ et $(-d\theta_2)$. On peut ainsi exprimer la dérivée

$$\frac{\partial A_{x_1}}{\partial x_1}$$

90) *C. Neumann*, J. reine angew. Math. 57 (1860), p. 310 et suiv.

91) Memorie Ist. Bologna (3) 1 (1870/1), p. 461 et suiv.; Opere 2, Milan 1904, p. 231 et suiv.

92) *O. Bonnet*, J. Éc. polyt. (1) cah. 30 (1845), p. 171; *R. R. Webb*, Messenger math. 11 (1882), p. 146; *A. E. H. Love*, Elasticity[67]) (1re éd.) 1, p. 232; (2e éd.) 1, p. 536 (note C).

et, de manière analogue, les neuf dérivées des composantes A_{x_1}, A_{y_1}, A_{z_1} par rapport à x_1, y_1, z_1 en fonction des paramètres α, β, γ. La divergence, les composantes du rotationnel et du tenseur dérivé (52) suivant les axes α, β, γ dépendent immédiatement des dérivées ainsi calculées.

b) On peut éviter toute intervention des coordonnées cartésiennes en partant des définitions géométriques et cinématiques données au n° **6** pour la divergence et le rotationnel et aux n^{os} **18** et **19** pour le triple tenseur.

Le théorème de Gauss (8) donne pour l'élément de volume

$$d\tau = \frac{d\alpha \cdot d\beta \cdot d\gamma}{h_1 h_2 h_3},$$

dont les faces sont

$$\frac{d\beta\, d\gamma}{h_2 h_3}, \quad \frac{d\gamma\, d\alpha}{h_3 h_1}, \quad \frac{d\alpha\, d\beta}{h_1 h_2};$$

$$\text{(59)} \qquad \operatorname{div} A = h_1 h_2 h_3 \left[\frac{\partial}{\partial\alpha}\left(\frac{A_\alpha}{h_2 h_3}\right) + \frac{\partial}{\partial\beta}\left(\frac{A_\beta}{h_3 h_1}\right) + \frac{\partial}{\partial\gamma}\left(\frac{A_\gamma}{h_1 h_2}\right)\right].$$

W. Thomson[93]) semble avoir indiqué le premier ce moyen pour la *transformation de la divergence*; *G. Lamé*[94]), *G. Lejeune Dirichlet* et *B. Riemann*[95]) l'ont introduit dans leurs Leçons. Si le champ du vecteur A est *lamellaire*, on a

$$A = -\nabla\varphi$$

et il résulte de l'expression (59)

$$\text{(60)} \quad \nabla^2\varphi = h_1 h_2 h_3 \left[\frac{\partial}{\partial\alpha}\left(\frac{h_1}{h_2 h_3}\frac{\partial\varphi}{\partial\alpha}\right) + \frac{\partial}{\partial\beta}\left(\frac{h_2}{h_3 h_1}\frac{\partial\varphi}{\partial\beta}\right) + \frac{\partial}{\partial\gamma}\left(\frac{h_3}{h_1 h_2}\frac{\partial\varphi}{\partial\gamma}\right)\right];$$

c'est l'expression de l'*opérateur laplacien* en coordonnées curvilignes.

De manière analogue, on appliquera le théorème de Stokes (10) pour obtenir les *composantes du rotationnel* en prenant un élément de la surface

$$\alpha = \text{const.}$$

d'étendue $\frac{d\beta\, d\gamma}{h_2 h_3}$ et de côtés $\frac{d\beta}{h_2}$, $\frac{d\gamma}{h_3}$. On obtient ainsi[96])

$$\text{(61)} \quad \begin{cases} (\text{Rot } A)_\alpha = h_2 h_3 \left[\frac{\partial}{\partial\beta}\left(\frac{A_\gamma}{h_3}\right) - \frac{\partial}{\partial\gamma}\left(\frac{A_\beta}{h_2}\right)\right], \\ (\text{Rot } A)_\beta = h_3 h_1 \left[\frac{\partial}{\partial\gamma}\left(\frac{A_\alpha}{h_1}\right) - \frac{\partial}{\partial\alpha}\left(\frac{A_\gamma}{h_3}\right)\right], \\ (\text{Rot } A)_\gamma = h_1 h_2 \left[\frac{\partial}{\partial\alpha}\left(\frac{A_\beta}{h_2}\right) - \frac{\partial}{\partial\beta}\left(\frac{A_\alpha}{h_1}\right)\right]. \end{cases}$$

---

93) Cambr. math. J. 4 (1843/5), p. 33; Papers 1, Cambridge 1882, p. 25.

94) Coord. curvilignes[26]), p. 22.

95) Voir à ce sujet *H. E. Heine*, Handbuch der Kugelfunctionen, (2e éd.) 1, Berlin 1878, p. 307.

La signification cinématique des composantes de tenseur (52) consiste en ceci qu'elles représentent les dilatations et les glissements dans une déformation hétérogène infiniment petite. Si

$$e_\alpha, e_\beta, e_\gamma, g_{\beta\gamma}, g_{\gamma\alpha}, g_{\alpha\beta}$$

sont les dilatations et les glissements relatifs à des éléments des droites normaux aux surfaces

$$\alpha = \text{const.}, \quad \beta = \text{const.}, \quad \gamma = \text{const.},$$

les propriétés des tenseurs donnent pour la dilatation e_r que subit une droite quelconque r

(62) $$e_r = e_\alpha c_{r\alpha}^2 + e_\beta c_{r\beta}^2 + e_\gamma c_{r\gamma}^2 + g_{\beta\gamma} c_{r\beta} c_{r\gamma} + g_{\gamma\alpha} c_{r\gamma} c_{r\alpha} + g_{\alpha\beta} c_{r\alpha} c_{r\beta},$$

où $c_{r\alpha}, c_{r\beta}, c_{r\gamma}$ sont les cosinus des angles que forme la droite r avec les normales aux surfaces

$$\alpha = \text{const.}, \quad \beta = \text{const.}, \quad \gamma = \text{const.}$$

Si A représente un déplacement, les changements que subissent les paramètres α, β, γ pendant le déplacement sont, d'après l'expression (57),

$$\delta\alpha = A_\alpha \cdot h_1, \qquad \delta\beta = A_\beta \cdot h_2, \qquad \delta\gamma = A_\gamma \cdot h_3.$$

Le changement de longueur d'un élément dr est déterminé par

$$2\delta dr \cdot dr = \delta\left(\frac{d\alpha^2}{h_1^2} + \frac{d\beta^2}{h_2^2} + \frac{d\gamma^2}{h_3^2}\right).$$

Si l'on déduit de là la dilatation e_r de cet élément et si l'on remarque qu'elle doit être égale à l'expression (62) pour une direction quelconque de dr, on obtient[97])

(63) $$\left\{\begin{aligned}
e_\alpha &= h_1 \frac{\partial A_\alpha}{\partial \alpha} - \frac{h_2}{h_1} A_\beta \frac{\partial h_1}{\partial \beta} - \frac{h_3}{h_1} A_\gamma \frac{\partial h_1}{\partial \gamma},\\
e_\beta &= h_2 \frac{\partial A_\beta}{\partial \beta} - \frac{h_3}{h_2} A_\gamma \frac{\partial h_2}{\partial \gamma} - \frac{h_1}{h_2} A_\alpha \frac{\partial h_2}{\partial \alpha},\\
e_\gamma &= h_3 \frac{\partial A_\gamma}{\partial \gamma} - \frac{h_1}{h_3} A_\alpha \frac{\partial h_3}{\partial \alpha} - \frac{h_2}{h_3} A_\beta \frac{\partial h_3}{\partial \beta},\\
g_{\beta\gamma} &= h_3 \frac{\partial A_\beta}{\partial \gamma} + h_2 \frac{\partial A_\gamma}{\partial \beta} + \frac{h_3}{h_2} A_\beta \frac{\partial h_2}{\partial \gamma} + \frac{h_2}{h_3} A_\gamma \frac{\partial h_3}{\partial \beta},\\
g_{\gamma\alpha} &= h_1 \frac{\partial A_\gamma}{\partial \alpha} + h_3 \frac{\partial A_\alpha}{\partial \gamma} + \frac{h_1}{h_3} A_\gamma \frac{\partial h_3}{\partial \alpha} + \frac{h_3}{h_1} A_\alpha \frac{\partial h_1}{\partial \gamma},\\
g_{\alpha\beta} &= h_2 \frac{\partial A_\alpha}{\partial \beta} + h_1 \frac{\partial A_\beta}{\partial \alpha} + \frac{h_2}{h_1} A_\alpha \frac{\partial h_1}{\partial \beta} + \frac{h_1}{h_2} A_\beta \frac{\partial h_2}{\partial \alpha}.
\end{aligned}\right.$$

96) *E. Cesàro,* Introduzione alla teoria matematica della elasticità, Turin 1894, p. 197; *M. Abraham,* Math. Ann. 52 (1899), p. 86.

97) *C. W. Borchardt,* J. reine angew. Math. 76 (1873), p. 45; Werke, Berlin 1888, p. 289; *E. Beltrami,* Ann. mat. pura appl. (2) 10 (1880/2), p. 188.

On peut ainsi effectuer la transformation des équations relatives aux champs de vecteurs et de tenseurs et les rapporter à des systèmes de coordonnées orthogonales quelconques en se reportant à des propriétés ou à des définitions indépendantes des axes de coordonnées telles que celles qui viennent d'être utilisées pour la divergence, le rotationnel d'un champ de vecteurs ou les composantes d'un triple tenseur.

On écrit dans le nouveau système de coordonnées les expressions divergence ou rotationnel par exemple, qui sont des invariants des champs de vecteurs et de tenseurs.

On peut aussi formuler la méthode de la manière suivante: on doit chercher directement les invariants qui s'expriment au moyen des coefficients de l'équation (37) pour le carré de l'élément linéaire et de composantes par rapport aux coordonnées curvilignes du champ de vecteur ou de tenseur; c'est ainsi qu'opère le *calcul différentiel absolu* développé par *G. Ricci*[98]).

c) *C. G. J. Jacobi*[99]) a simplifié la transformation de l'équation de Laplace en coordonnées curvilignes en ramenant cette transformation à un problème de calcul des variations. La légitimité de cette méthode tient à ce fait qu'il figure un *scalaire* dans l'intégrale soumise à variation; on peut la généraliser beaucoup.

Les équations de la physique mathématique peuvent être rattachées en général à un problème de minimé, et sous cette forme, ne font intervenir que des fonctions scalaires des composantes de vecteur ou de tenseur, liées en général à l'énergie du champ. *Si l'on a calculé les composantes de vecteur ou de tenseur dans le système de coordonnées curvilignes, par l'une des méthodes indiquées, on peut obtenir les équations différentielles en coordonnées curvilignes en résolvant directement le problème de variation ou de minimé*[100]).

Relations mutuelles des champs de scalaires, vecteurs et tenseurs.

22. Symétrie des phénomènes physiques et symétrie cristalline. Pour classer les grandeurs caractéristiques des champs étudiés dans la mécanique des milieux continus et en physique, nous avons utilisé la manière dont se comportent ces grandeurs lorsqu'on fait tourner les axes coordonnés.

98) Lezioni sulla teoria delle superficie, Padoue 1898, p. 45; *G. Ricci* et *T. Levi-Civita,* Math. Ann. 54 (1901), p. 125.

99) *C. G. J. Jacobi,* J. reine angew. Math. 36 (1848), p. 117; Werke 2, Berlin 1882, p. 198.

100) Pour plus de détails voir les articles IV 18 et IV 25.

Les *scalaires* restent invariables; les composantes de vecteur [n° **3**] se transforment d'après les équations (1) tandis que les composantes de tenseur se comportent comme les carrés et les produits de composantes de vecteur [n° **18**]. Si l'on fait en outre intervenir les inversions d'axes, on doit distinguer les vecteurs polaires et axiaux [n° **4**] ainsi que deux espèces de scalaires, les scalaires purs et les pseudo-scalaires [n° **12**].

De la même manière, aux tenseurs étudiés jusqu'ici (tenseurs axiaux) on peut ajouter des tenseurs dont les composantes changent de signe quand on change le sens des axes (tenseurs polaires)

De telles grandeurs s'introduisent [n° **23**] dans l'étude des relations mutuelles entre les champs, ainsi que d'autres grandeurs géométriques qui se comportent comme des combinaisons du troisième et du quatrième degré de composantes de vecteurs [n° **24**].

Un champ uniforme d'une grandeur dirigée possède toujours une certaine symétrie; le *groupe de symétrie* du système est celui des transformations de coordonnées qui laissent invariables les composantes du vecteur en chaque point du champ, de manière que les composantes du vecteur, rapportées aux nouveaux axes, aient les mêmes valeurs que les anciennes. Le groupe de symétrie d'un champ de vecteur uniforme contient celui des rotations autour de la direction du vecteur; pour les vecteurs polaires, on doit adjoindre à ce groupe celui des mirages dans les plans passant par la direction du vecteur, et pour les vecteurs axiaux, celui des mirages dans les plans perpendiculaires à cette direction. Un champ de tenseur uniforme possède en général la symétrie d'un ellipsoïde, c'est-à-dire trois plans de mirage perpendiculaires entre eux.

Un phénomène physique peut être considéré comme impliquant des relations mutuelles entre les grandeurs de plusieurs champs distincts. *Le groupe de symétrie d'un phénomène est le sous-groupe commun aux groupes de symétrie de tous les champs qui y interviennent.* En effet ce sous-groupe contient l'ensemble de toutes les transformations de coordonnées qui laissent invariables les composantes de toutes les grandeurs en relation mutuelle, et par suite laissent invariable l'expression mathématique de cette relation. Le phénomène de pyroélectricité manifeste, par exemple, une relation entre les champs uniformes d'un scalaire (la température) et d'un vecteur polaire (la polarisation électrique). La symétrie de ce phénomène est celle du vecteur, puisque le groupe du vecteur polaire est un sous-groupe de la symétrie d'un scalaire.

Si l'on considère l'ensemble des phénomènes possibles dans une substance, et si l'on compare l'ensemble des groupes de symétrie correspondants, il peut se faire que leur sous-groupe commun ne contienne pas toutes les transformations de coordonnées; on doit alors considérer cette substance comme anisotrope ou dissymétrique. D'un autre côté toutes les symétries d'une substance doivent se retrouver dans les phénomènes qui s'y produisent. *Le groupe de symétrie de la structure d'une substance est le sous-groupe commun à tous les phénomènes dont cette substance est le siège*[101]).

Pour les *cristaux solides homogènes,* une loi expérimentale dit que le groupe de symétrie de structure coïncide avec le groupe de symétrie cristalline qui correspond à la forme extérieure [cf. V 10]. On peut encore exprimer ceci sous la forme suivante: *des directions cristallographiquement équivalentes sont aussi physiquement équivalentes*[102]), ou: *le groupe de symétrie cristallographique est le sous-groupe commun de tous les phénomènes possibles dans un cristal*[103]).

Cette loi permet de prévoir, quand on connaît la nature géométrique de certaines grandeurs, dans quels cristaux leurs champs peuvent s'engendrer mutuellement; elle permet d'autre part de trouver dans de semblables faits une base pour déterminer la symétrie d'une grandeur donnée, qui permet de classer celle-ci dans une catégorie déterminée de grandeurs géométriques. Ainsi la polarisation électrique par suite d'une élévation de température ne peut être prévue que dans les cristaux sans centre de symétrie, si l'on considère la polarisation électrique comme un vecteur polaire; et du fait expérimental que la pyroélectricité ne se manifeste que dans des cristaux dépourvus de centre on peut conclure que cette hypothèse est justifiée, que la polarisation électrique est un vecteur polaire [n° 23].

23. Relations mutuelles des champs de vecteurs.

a. *Champs uniformes.* Considérons d'abord une relation entre deux champs de vecteurs uniformes dont la loi s'exprime par des *relations linéaires entre les composantes de deux vecteurs* $\vec{k}$ *et* $\vec{i}$:

$$(64)\qquad \begin{cases} k_x = k_{11} i_x + k_{12} i_y + k_{13} i_z, \\ k_y = k_{21} i_x + k_{22} i_y + k_{23} i_z, \\ k_z = k_{31} i_x + k_{32} i_y + k_{33} i_z. \end{cases}$$

101) *P. Curie,* J. phys. théor. appl. (3) 3 (1894), p. 393 et suiv.; Œuvres, Paris 1908, p. 118.

102) Loi énoncée d'abord par *F. E. Neumann,* Elastizität[84]), p. 166; *W. Voigt,* Compendium der theoretischen Physik 1, Leipzig 1895, p. 128 et suiv.

103) *B. Minnigerode,* Nachr. Ges. Gött. 1884, p. 195.

Une telle relation existe par exemple entre une chute de température et un flux de chaleur [cf. V 5], comme entre un champ électrique et un courant [cf. V 22].

Soit $\vec{k}$ la force et $\vec{i}$ le courant. L'ellipsoïde

$$(65)\qquad k_{11}x^2 + k_{22}y^2 + k_{33}z^2 + (k_{23}+k_{32})yz + (k_{31}+k_{13})zx + (k_{12}+k_{21})xy = 1$$

est *l'ellipsoïde de conductibilité*[104]. Le carré du rayon vecteur de cet ellipsoïde, parallèle au courant, est égal au quotient du courant par la composante du champ dans la direction du courant.

On décompose[105] la fonction „vectorielle linéaire" [n° **14**] en une partie symétrique et une antisymétrique en posant

$$(66)\qquad k = k' + k'',$$

$$(66')\qquad \begin{cases} k_x' = k_{11}i_x + \tfrac{1}{2}(k_{12}+k_{21})i_y + \tfrac{1}{2}(k_{31}+k_{13})i_z, \\ k_y' = \tfrac{1}{2}(k_{12}+k_{21})i_x + k_{22}i_y + \tfrac{1}{2}(k_{23}+k_{32})i_z, \\ k_z' = \tfrac{1}{2}(k_{31}+k_{13})i_x + \tfrac{1}{2}(k_{23}+k_{32})i_y + k_{33}i_z, \end{cases}$$

$$(66'')\qquad \begin{cases} k_x'' = \tfrac{1}{2}(k_{12}-k_{21})i_y - \tfrac{1}{2}(k_{31}-k_{13})i_z, \\ k_y'' = \tfrac{1}{2}(k_{23}-k_{32})i_z - \tfrac{1}{2}(k_{12}-k_{21})i_x, \\ k_z'' = \tfrac{1}{2}(k_{31}-k_{13})i_x - \tfrac{1}{2}(k_{23}-k_{32})i_y. \end{cases}$$

Si les vecteurs $\vec{k}$ et $\vec{i}$ sont tous deux polaires, ou tous deux axiaux, les coefficients de la fonction vectorielle linéaire k'

$$k_{11},\quad k_{22},\quad k_{23},\quad \tfrac{1}{2}(k_{23}+k_{32}),\quad \tfrac{1}{2}(k_{31}+k_{13}),\quad \tfrac{1}{2}(k_{12}+k_{21})$$

sont les composantes d'un tenseur polaire[81]. Si l'on construit le rayon vecteur parallèle au courant i dans l'ellipsoïde de conductibilité (65), k' est parallèle à la normale à l'extrémité de ce rayon vecteur *Les coefficients de la fonction vectorielle linéaire antisymétrique k''*

$$\tfrac{1}{2}(k_{23}-k_{32}),\quad \tfrac{1}{2}(k_{31}-k_{31}),\quad \tfrac{1}{2}(k_{12}-k_{21})$$

sont les composantes d'un vecteur axial P[106]. Le vecteur k'' est perpendiculaire au courant i et est parallèle au plan du vecteur axial P. Un tel vecteur axial P obtenu à partir des coefficients d'une fonction vectorielle linéaire s'introduit aussi dans la théorie du courant électrique en présence d'un champ magnétique comme l'indique le *phéno-*

104) *J. Boussinesq*, C. R. Acad. sc. Paris 65 (1867), p. 104; J. math. pures appl. (2) 14 (1869), p. 265.

105) *G. G. Stokes*, Cambr. Dublin math. J. 6 (1851), p. 215; Papers 3, Cambridge 1901, p. 203.

106) *W. Thomson*, Trans. R. Soc. Edinb. 21 (1857), p. 165 [1854]; Papers 1, Cambridge 1882, p. 282.

mène de Hall[107]). On en conclut[108]) que *le champ magnétique est un vecteur axial.*

Si l'un des deux vecteurs $\vec{k}$, $\vec{i}$ est polaire et l'autre axial, les coefficients de (66') sont les composantes d'un tenseur axial[109]), ceux de (66'') sont les composantes d'un vecteur polaire.

L'étude spéciale des équations (64) entre vecteurs de même espèce, dans les différents cas de symétrie cristalline, a été faite par *B. Minnigerode*[110]).

b. *Champs non uniformes.* L'électrodynamique moderne étudie les relations mutuelles des champs de quatre grandeurs,

la *force électrique* ($\vec{E}$), l'*induction* électrique ($\vec{D}$),
la *force magnétique* ($\breve{H}$), l'*induction* magnétique ($\breve{B}$);

ces relations, dans les isolants en repos, prennent la forme

$$(67)\qquad \frac{1}{V}\frac{\partial \vec{D}}{\partial t} = \operatorname{rot} \breve{H}, \qquad\qquad (67')\qquad \operatorname{div} \vec{D} = 4\pi e,$$

$$(68)\qquad -\frac{1}{V}\frac{\partial \breve{B}}{\partial t} = \operatorname{rot} \vec{E}, \qquad\qquad (68')\qquad \operatorname{div} \breve{B} = 4\pi m.$$

Les inductions sont liées aux forces correspondantes par des relations de la forme des fonctions vectorielles linéaires symétriques (66'); V est une constante égale à la vitesse de la lumière dans l'éther. Les densités de „l'électricité vraie" (e) et du magnétisme vrai (m) multipliées par 4π donnent les divergences des inductions.

Des équations fondamentales (67) et (68) il résulte par application du théorème de Gauss (8) que les quantités d'électricité et de magnétisme qui se trouvent à l'intérieur d'une surface fermée décrite dans des milieux isolants ne peuvent pas se modifier dans le temps.

Tandis qu'il existe de l'électricité vraie et que sa conservation est une loi générale, il n'existe pas de magnétisme vrai.

Comme une force électrique produit une induction électrique et une force magnétique une induction magnétique *dans les milieux isotropes*, il en résulte qu'*une force et l'induction correspondante appartien-*

---

107) *W. Thomson,* Trans. R. Soc. Edinb. **21** (1857), p. 164 [1854]; Papers 1, Cambridge 1882, p. 281.

108) *F. Koláček,* Ann. Phys. und Chemie, Dritte Folge 55 (1895), p. 503.

109) *W. Voigt,* Nachr. Ges. Gött. 1900, math. p. 355/79. Le nom de „tenseur axial" qui est équivalent à celui de „torseur" proposé par *P. Curie* est employé par *W. Voigt.*

110) Neues Jahrbuch für Mineralogie 1886 I, p. 1.

nent à une même classe de vecteurs. Il résulte de là, d'après les n° **6** et **12** et les équations (67) et (68), les deux propositions suivantes[31]:

Ou bien la force magnétique est un vecteur polaire et la force électrique un vecteur axial, ou bien la force électrique est polaire et la force magnétique axiale. La décision en faveur de la dernière proposition est basée sur les phénomènes de pyroélectricité [n° **22**] *et sur le phénomène de Hall* [n° **23, a**]. La densité électrique est donc la divergence d'un vecteur polaire ou un scalaire pur, et la densité magnétique la divergence d'un vecteur axial ou un pseudoscalaire.

Si des équations entre les quatre vecteurs du champ électromagnétique, on élimine trois de ceux-ci, on obtient l'équation différentielle qui régit les changements dans le temps de la quatrième grandeur. Celle-ci contient, à côté de dérivées par rapport au temps, uniquement des dérivées du second ordre des composantes par rapport aux coordonnées. Ainsi l'inversion des axes de coordonnées ne change rien aux équations, de sorte que deux phénomènes qui sont l'image l'un de l'autre sont également possibles.

Si l'on veut formuler mathématiquement des *phénomènes dissymétriques* ne supportant pas le mirage, comme le *pouvoir rotatoire naturel,* il est nécessaire d'introduire des dérivées d'ordre impair par rapport aux coordonnées soit du premier ordre suivant *A. L. Cauchy*[111]), soit du troisième suivant *J. Mc Cullagh*[112]). Il s'introduit ainsi des relations linéaires d'un vecteur polaire et d'un vecteur axial, c'est-à-dire un *tenseur polaire*[109]).

Cette dissymétrie, conformément à la loi fondamentale de la physique cristalline [n° **22**], se manifeste également dans la forme cristalline des cristaux actifs. Il existe des fluides isotropes, c'est-à-dire de mêmes propriétés dans toutes les directions, et qui font tourner le plan de polarisation; le groupe de symétrie de ces substances [n° **22**] contient le groupe des rotation d'axes, mais pas celui des inversions; *J. Boussinesq*[113]) appelle ces corps *isotropes-dissymétriques.* Leur dissymétrie se manifeste aussi dans leurs propriétés chimiques.

24. Relations mutuelles où interviennent des champs de tenseurs. a. *Relations de deux champs de tenseurs.* Nous avons vu qu'une déformation [n° **17**], aussi bien que la tension qui la détermine [n° **20**],

---

111) C. R. Acad. sc. Paris 15 (1842), p. 916; Œuvres (1) 7, Paris 1892, p. 200.

112) Trans. Irish Acad. (Dublin) 17 (1837), p. 461/70; Works, Londres 1881, p. 63.

113) *J. Boussinesq,* J. math. pures appl. (2) 13 (1868), p. 319.

est caractérisée par un système de six composantes. Ces deux tenseurs sont reliés dans les corps déformables par des relations linéaires dans le cas le plus simple [114]):

$$
(69)\quad
\begin{aligned}
X_x &= c_{11} e_x + c_{12} e_y + c_{13} e_z + c_{14} g_{yz} + c_{15} g_{zx} + c_{16} g_{xy},\\
Y_y &= c_{21} e_x + c_{22} e_y + c_{23} e_z + c_{24} g_{yz} + c_{25} g_{zx} + c_{26} g_{xy},\\
Z_z &= c_{31} e_x + c_{32} e_y + c_{33} e_z + c_{34} g_{yz} + c_{35} g_{zx} + c_{36} g_{xy},\\
\tfrac{1}{2}(Y_z + Z_y) &= c_{41} e_x + c_{42} e_y + c_{43} e_z + c_{44} g_{yz} + c_{45} g_{zx} + c_{46} g_{xy},\\
\tfrac{1}{2}(Z_x + X_z) &= c_{51} e_x + c_{52} e_y + c_{53} e_z + c_{54} g_{yz} + c_{55} g_{zx} + c_{56} g_{xy},\\
\tfrac{1}{2}(X_y + Y_x) &= c_{61} e_x + c_{62} e_y + c_{63} e_z + c_{64} g_{yz} + c_{65} g_{zx} + c_{66} g_{xy}.
\end{aligned}
$$

La „fonction tensorielle linéaire“ (69) est symétrique, c'est-à-dire qu'il existe quinze équations $c_{ik} = c_{ki}$, ce qui ramène à 21 le nombre des coefficients, si le travail A' (55) est indépendant du chemin parcouru et ne dépend que des conformations initiale et finale [115]). Cette hypothèse que la thermodynamique justifie donne

$$
(70)\quad
\begin{aligned}
&X_x = \frac{\partial A'}{\partial e_x}, \quad Y_y = \frac{\partial A'}{\partial e_y}, \quad Z_z = \frac{\partial A'}{\partial e_z},\\
&\frac{1}{2}(Y_z + Z_y) = \frac{\partial A'}{\partial g_{yz}}, \quad \frac{1}{2}(Z_x + X_z) = \frac{\partial A'}{\partial g_{zx}}, \quad \frac{1}{2}(X_y + Y_x) = \frac{\partial A'}{\partial g_{xy}}
\end{aligned}
$$

et le travail de déformation (ou potentiel élastique) est donné par

$$
(71)\quad
\begin{aligned}
A' = {} & \tfrac{1}{2} c_{11} e_x^2 + \tfrac{1}{2} c_{22} e_y^2 + \tfrac{1}{2} c_{33} e_z^2 + c_{44} g_{yz}^2 + \tfrac{1}{2} c_{55} g_{zx}^2 + \tfrac{1}{2} c_{66} g_{xy}^2\\
& + c_{12} e_x e_y + c_{13} e_x e_z + c_{14} e_x g_{yz} + c_{15} e_x g_{zx} + c_{16} e_x g_{xy}\\
& + c_{23} e_y e_z + c_{24} e_y e_{yz} + c_{25} e_y g_{zx} + c_{26} e_y g_{xy}\\
& + c_{34} e_z g_{yz} + \cdots.
\end{aligned}
$$

L'hypothèse d'après laquelle les forces exercées entre molécules dépendent uniquement de la distance conduit de plus aux relations

$$
(71')\quad c_{44} = c_{23}, \quad c_{55} = c_{31}, \quad c_{66} = c_{12}, \quad c_{56} = c_{14}, \quad c_{64} = c_{25}, \quad c_{45} = c_{36},
$$

qui réduisent à 15 le nombre des coefficients des équations (69).

Les 21 coefficients dans (71) peuvent être représentés géométriquement au moyen d'une surface du quatrième degré [116]) et d'une quadrique dont les 15 et les 6 paramètres se transforment respectivement dans un changement de coordonnées comme des combinaisons

114) *A. L. Cauchy*, Exercices math. 4, Paris 1829, p. 296; Œuvres (2) 9, Paris 1891, p. 345; *S. D. Poisson*, J. Ec. polyt. (1) cah. 20 (1831), p. 1/174.

115) *G. Green*, Trans. Cambr. philos. Soc. 7 (1838/42), éd. 1842, p. 7; Papers [53]), p. 249.

116) *W. J. M. Rankine*, Philos. Trans. London 146 (1856), p. 261 et suiv.; *B. de Saint-Venant*, J. math. pures appl. (2) 8 (1863), p. 257.

du quatrième degré de composantes de vecteur et comme les composantes d'un tenseur axial. Les six composantes du tenseur s'annulent quand les relations (71′) existent, c'est-à-dire en l'absence de forces entre les molécules dépendant de l'orientation de celles-ci[117]).

On tient compte dans les équations (70) et (71) des éléments de symétrie d'un système cristallin déterminé en exprimant les conditions pour que le scalaire A' conserve les mêmes coefficients c_{ik} quand on le rapporte à des systèmes d'axes cristallographiquement équivalents[118]).

On peut aussi traiter directement la question de savoir quels groupes discontinus de symétrie sont compatibles avec des équations de la forme (70) et (71) entre deux triples tenseurs et l'on obtient ce résultat[119]), que dans les groupes ainsi possibles les groupes de symétrie cristallographique entrent comme sous-groupes, conformément à la loi fondamentale de la physique cristalline [n° 22].

Dans les corps isotropes, le potentiel élastique ne peut dépendre que des deux invariants primitifs du premier et du second degré (50) du système de tenseurs, de sorte que les coefficients se réduisent ici à deux. Si l'on tient compte de termes du troisième degré[120]) dans l'expression du potentiel, l'invariant du troisième degré (50) doit intervenir.

b. *Les relations mutuelles d'un champ de scalaire et d'un champ de tenseur* s'introduisent lorsque de tensions intérieures sont produites par une élévation de température. La symétrie de ce phénomène est celle du tenseur; on obtient ainsi immédiatement la forme possible dans chaque cristal pour l'ellipsoïde caractéristique du triple tenseur. Pour les corps isotropes, cet ellipsoïde devient une sphère.

c. *Les relations mutuelles entre un champ de vecteur et un champ de tenseur* s'expriment dans le cas le plus simple par des équations linéaires dont *les 18 coefficients peuvent se représenter par une combinaison de trois grandeurs géométriques:*

---

117) *B. Minnigerode*[103]); *J. Boussinesq*[104]).

118) *W. J. M. Rankine*[116]); *F. E. Neumann,* Elastizität[84]), p. 164; *G. Kirchhoff*, Mechanik, Leipzig 1877, p. 389; *W. Voigt,* Ann. Phys. und Chemie, Dritte Folge 16 (1882), p. 275; *B. Minnigerode,* Nachr. Ges. Gött. 1884, p. 195, 374, 488.

119) *H. Aron,* Ann. Phys. und Chemie, Dritte Folge 20 (1883), p. 272; *C. Somigliana*, Atti R. Accad. Lincei *Rendic.* (5) 3 I (1894), p. 238/46; (5) 4 I (1895), p. 25/33.

120) *W. Voigt*, Ann. Phys. und Chemie, Dritte Folge (2) 52 (1894), p. 536; Sitzgsb. Akad. Wien 103 IIa (1894), p. 1069; *J. Finger*, Sitzgsb. Akad. Wien 103 IIa (1894), p. 163, 231, 1073.

1°) *une grandeur dirigée du troisième ordre* dont les dix composantes se transforment dans un changement d'axes coordonnés comme des combinaisons du troisième degré de composantes de vecteur;

2°) un *tenseur* dont les six composantes sont soumises à une condition: on peut, par exemple, annuler la somme des trois premières composantes;

3°) un *vecteur*.

La nature polaire ou axiale de ces trois grandeurs dirigées est déterminée par celle du vecteur et du tenseur qui entrent en relations.

Quand un champ électrique est produit par pression ou des déformations produites par un champ électrique, on est en présence des relations d'un tenseur axial et d'un vecteur polaire, et ceci importe pour la discussion de chaque cas particulier de symétrie cristalline[121]).

Au lieu du vecteur polaire, figure un vecteur axial, s'il s'agit des déformations produites par un champ magnétique. Le phénomène inverse, la production d'un champ magnétique par des compressions, n'a pas encore été observé, bien qu'il soit possible dans certains cristaux d'après la loi de symétrie[122]).

Des indications plus complètes sur les relations indiquées ici entre les différentes grandeurs de la mécanique et de la physique trouveront leur place dans les articles correspondants des tomes IV et V. Il ne s'agissait ici que d'un aperçu général sur les notions géométriques fondamentales.

---

121) *W. Voigt,* Abh. Ges. Gött. 36 (1890), math. mém. n° 1, p. 1/47.

122) *W. Voigt,* Nachr. Ges. Gött. 1901, math. p. 1/19.

IV 17. HYDRODYNAMIQUE (PARTIE ÉLÉMENTAIRE).

EXPOSÉ, D'APRÈS L'ARTICLE ALLEMAND DE **A. E. H. LOVE** (OXFORD) PAR **P. APPELL** (PARIS) ET **H. BEGHIN** (BREST).

---

1. Premières recherches sur la mécanique des fluides. Notion de pression. C'est à *Archimède*[1]) qu'on doit les premiers éléments de la mécanique des fluides: il se basa, pour les établir, sur des principes d'expérience vulgaire, remarquant entre autres choses que chaque partie d'un liquide est pressée par tout le poids de la colonne verticale qui la surmonte[2]); il montra qu'un corps plongé dans un liquide perd une partie de son poids égale au poids du liquide déplacé (principe d'Archimède) et en déduisit une théorie des corps flottants, étudiant même la stabilité de l'équilibre[3]).

A la fin du 16ième siècle, *S. Stevin*[4]) retrouva les principaux résultats d'*Archimède* *en utilisant en particulier l'idée qu'on peut

1) Voir *J. L. Lagrange*, Méchanique analitique (1re éd.) 1, Paris 1788; (2e éd.) Mécanique analytique 1, Paris 1811; (3e éd.) publ. par *J. Bertrand* 1, Paris 1853, p. 167; Œuvres 11, Paris 1888, p. 189; **E. Mach*, Die Mechanik in ihrer Entwickelung historisch-kritisch dargestellt, (1re éd.) Leipzig 1883; (4e éd.) Leipzig 1901; trad. anglaise par *T. J. Mac Cormack*, The science of mechanics, Chicago 1893; trad. française par *E. Bertrand*, La mécanique, exposé historique et critique de son développement, Paris 1904, p. 83; trad. italienne de *D. Gambioli*, I principii della meccanica, Rome et Milan 1909.*

2) **Archimède* a écrit un ouvrage *περὶ ὀχουμένων*, dont l'original grec n'a été retrouvé qu'en 1906 [cf. *J. L. Heiberg*, Bibl. math. (3) 7 (1906/7), p. 321]; une traduction latine par *Guillaume de Moerbeke*, intitulée „de iis quae vehuntur in aqua", publiée à Bologne en 1565, par *F. Commandin* [trad. française par *A. Legrand*, Traité des corps flottants, J. phys. théor. appl. (2) 10 (1891), p. 437/57] a été connue dès le moyen âge.*

Cf. *Archimedis* opera omnia, éd. *J. L. Heiberg*, 2, Leipzig 1881, p. 359/426; *T. L. Heath*, The works of Archimedes, Cambridge 1897, p. 253/300.

3) Signalé par *J. L. Lagrange* [Mécanique analytique [1]), (3e éd.) 1, p. 168; Œuvres 11, p. 191] comme „une théorie de la stabilité des corps flottants à laquelle les modernes ont peu ajouté".

4) *Simon Stevin*, De Beghinselen des Waterwichts, Leyde 1586; Œuvres math., éd. *A. Girard* 2, Leyde 1634, p. 484/98.

solidifier une portion d'un liquide sans détruire l'équilibre.* Il appliqua ses idées à la détermination des pressions d'un liquide sur le fond et sur les parois du vase qui le contient.

Mais jusque-là on ne rencontre aucun lien entre l'hydrostatique et la statique générale. *G. Galilée*[5]) essaya d'établir ce lien au moyen du principe des déplacements virtuels, mais ses raisonnements manquent de rigueur. *B. Pascal*[6]) *déduisit de ce même principe que tout accroissement de pression se transmet intégralement dans toute l'étendue d'un liquide (principe de Pascal).*

I. Newton[7]) relia également l'hydrostatique à la statique générale en se basant principalement sur cette remarque que, si une portion quelconque d'un fluide est remplacée par un corps de même forme et de même densité, l'équilibre subsiste.

**A. C. Clairaut*[8]) trouva le premier les équations aux dérivées partielles donnant l'équilibre d'une masse fluide soumise à des forces quelconques.*

**J. L. Lagrange*[9]) montra le premier que le principe des déplacements virtuels donne toute l'hydrostatique.*

L. Euler[10]) précisa la notion de pression de la manière suivante: soient F_1 la portion de fluide située d'un côté d'une surface S, F_2 le fluide ou tout autre corps situé de l'autre côté de la surface, F_1 et F_2 étant en contact le long de S. Les particules de F_1 qui sont dans le voisinage immédiat d'un petit élément dS de cette surface exercent sur les particules voisines de F_2 une force infiniment petite $p\,dS$.

L. Euler admit que cette force est normale à l'élément dS et indépendante de son orientation; il obtint ainsi les équations générales de l'équilibre d'un fluide sous l'action de forces quelconques, en appliquant le principe dont *I. Newton* s'était servi. Cette grandeur p est la *pression en un point.*

---

5) *Galileo Galilei*, Discorso intorno alle cose che stanno in su l'acqua, o che in quella si muovono, Florence 1612; Opere 12, Florence 1854, p. 9/116; *(ed. nazionale) Opere 4, Florence 1894, p. 63/140.*

6) *Blaise Pascal*, Traité de l'équilibre des liqueurs, Paris 1663; *Œuvres, éd. *L. Brunschvicg* et *P. Boutroux* 3, Paris 1908, p. 156/92.*

7) Philos. naturalis principia math. (1e éd.) Londres 1687; (2e éd.) Cambridge 1713, p. 263; (3e éd.) Londres 1726; *Opera, éd. *S. Horsley* 2, Londres 1779, p. 337; trad. par *G. E. de Breteuil*, marquise *du Châtelet*, 1, Paris 1759, p. 305;* c'est le *principe d'Archimède.*

8) **A. C. Clairaut*, La théorie de la figure de la terre tirée des principes de l'hydrostatique, Paris 1743; (2e éd.) Paris 1808; (3e éd.) Paris 1909.*

9) Mécanique analyt. [1]), (3e éd.) 1, p. 173/206; Œuvres 11, p. 197/236.

10) Hist. Acad. Berlin 11 (1755), éd. 1757, p. 217 [1753].

Pour *J. L. Lagrange* la pression en un point d'un fluide incompressible est un coëfficient qui s'introduit dans l'équation des déplacements virtuels; la pression d'un fluide compressible se définit, de manière plus nette, comme résistance élastique due à la compression.

Dans tous ces travaux, l'égalité de la pression dans toutes les directions était admise plus ou moins directement. *A. L. Cauchy*[11]) reconnut dans la pression un cas particulier de l'*effort*[12]) intérieur dans une masse continue, et montra qu'une pression normale est nécessairement indépendante de l'orientation.

Il semble que *E. Torricelli*[13]) et *O. de Guericke*[14]) aient remarqué les premiers que l'air agit par pression sur les autres corps[15]). *B. Pascal*[16]) *établit la complète analogie entre les phénomènes dus à la pression de l'air et ceux dus à la pression de l'eau*; il eut l'idée d'utiliser la hauteur barométrique pour la détermination de l'altitude d'une montagne.

La relation entre la pression p d'une certaine masse de gaz et le volume v qui la contient fut étudiée par *R. Boyle*[17]) et plus tard par *E. Mariotte*[18]) qui retrouva la loi de Boyle. Cette loi est la suivante: à température constante, le produit pv ou, ce qui revient au même, le quotient $\frac{p}{\varrho}$ est constant, ϱ désignant la densité du gaz.

Si la température est variable, mais si les changements d'état sont adiabatiques, le quotient

$$\frac{p}{\varrho^{\gamma}}$$

est constant, γ étant le rapport de la chaleur spécifique à pression constante à la chaleur spécifique à volume constant (on sait que pour l'air $\gamma = 1,408$).

11) Exercices math. 2, Paris 1827, p. 23, 54; Œuvres (2) 7, Paris 1889, p. 37/9.

12) Voir IV 16, 20.

13) **E. Torricelli*, De motu gravium naturaliter descendentium et de proiectorum libri duo [Opera geometrica, Florence 1644, première pagination p. 95].*

14) **O. de Guericke*, Experimenta nova, ut vocantur, Magdebourg et Amsterdam 1672.*

15) *Voir *E. Mach*, Die Mechanik[1]), (3e éd.) Leipzig 1897, p. 103, 108; La mécanique[1]), p. 106, 111.*

16) Traité de la pesanteur de la masse de l'air, Paris 1663; *Œuvres, éd. *L. Brunschvicg* et *P. Boutroux* 3, Paris 1908, p. 193/253.*

17) *R. Boyle*, Nova experimenta physicomechanica de vi aëris elastica, Oxford 1661; trad. anglaise, (2e éd.) Londres 1662; Works 1, Londres 1772, p. 1/117; 3, Londres 1772, p. 175/289, 495/510.

18) *E. Mariotte*, Discours de la nature de l'air, Paris 1679; Œuvres 1, La Haye 1740, p. 149/82.

*Ce résultat paraît dû à *S. D. Poisson*[19]), il était implicitement contenu dans les recherches de *P. S. Laplace*[20]).*

Les premiers essais sur l'hydrodynamique sont dus à *E. Torricelli*[21]), qui observa qu'un jet de liquide sortant d'un vase peut remonter tout au plus jusqu'au niveau du liquide dans le vase; il admit qu'il remonterait exactement jusqu'à ce niveau sans la résistance de l'air et les frottements (loi de Torricelli).

**P. de Varignon*[22]) essaya de déduire cette loi de la relation entre la force et la quantité de mouvement qu'elle engendre.*

I. Newton[23]) mesura la quantité de liquide écoulée pendant un certain temps à travers une ouverture percée dans le fond d'un vase et en déduisit la vitesse dans la section la plus étroite de la veine, section dont la surface est à peu près $\frac{1}{\sqrt{2}}$ de celle de l'ouverture; il constata que cette vitesse est égale à celle que le liquide aurait acquise en tombant librement de la hauteur du vase. Il essaya de démontrer cette proposition, en admettant que les particules qui se trouvent à un instant dans une section horizontale restent constamment au même niveau (hypothèse du parallélisme des tranches). Il introduisit aussi l'équation de continuité sous la forme que la vitesse dans une section est inversement proportionnelle à son aire, mais ses raisonnements manquent de rigueur.

I. Newton[24]) étudia aussi la résistance éprouvée par un corps en mouvement dans un liquide[25]).

---

19) *Ann. chimie et physique (2) 23 (1823), p. 5/16, 337/42;* Traité de mécanique, (2e éd.) 2, Paris 1833, p. 637/48; cf. *P. Duhem*, Cours de phys. math. Fac. sc. Lille: hydrodynamique, élasticité, acoustique 1, Paris 1891, p. 103/7.

20) *Mécanique céleste 5, Paris 1823, livre 12; Œuvres 5, Paris 1882, p. 97.*

21) De motu gravium[18]); cf. *J. L. Lagrange*, Mécanique analyt.[1]), (3e éd.) 2, Paris 1855, p. 244; Œuvres 12, Paris 1889, p. 266. Cf. *M. Rühlmann*, Hydromechanik oder die technische Mechanik flüssiger Körper, (2e éd.) Hanovre 1880, p. 187.

22) *Voir *E. Mach*, Die Mechanik[1]), (2e éd.), p. 378; (3e éd.), p. 397; La mécanique, p. 381.*

23) Principia math.[7]), (1re éd.) p. 330/2; (2e éd.) p. 303/9; *Opera, éd. *S. Horsley* 2, p. 394/402; trad. marquise *du Châtelet* 1, p. 357/67.*

24) Principia math.[7]), (2e éd.) p. 294/303; *Opera, éd. *S. Horsley* 2, p. 381/94; trad. marquise *du Châtelet* 1, p. 345/57.*

25) Le problème de l'écoulement des fluides (avec l'hypothèse du parallélisme des tranches) et le problème de la résistance éprouvée par un corps mobile dans un fluide sont les problèmes fondamentaux de l'hydrodynamique supérieure. *J. L. Lagrange*, Mécanique analyt.[1]), (3e éd.) 2, p. 243; Œuvres 12, Paris 1889, p. 265; cf. *M. Rühlmann*, Hydromechanik[21]), (2e éd.) p. 187.

Daniel Bernoulli[26]) appliqua à l'hydrodynamique le principe de la conservation des forces vives, sous la forme indirecte qui avait servi à *Chr. Huygens* dans sa théorie du pendule[27]).

*Lorsque *A. C. Clairaut*[28]) eut donné les équations générales de l'hydrostatique, que, en même temps, le principe de d'Alembert eut ramené la dynamique des systèmes à la statique, il devint possible d'obtenir les équations de l'hydrodynamique*: c'est ce que fit *J. d'Alembert*[29]). *L. Euler*[30]) simplifia ces équations et leur donna les deux formes sous lesquelles on les utilise aujourd'hui.

2. Équations générales d'équilibre et de mouvement des fluides parfaits[31]). En mécanique rationnelle un fluide est considéré comme un système matériel continu pour lequel, à l'état de repos, les *efforts*[32]) intérieurs sont partout des pressions normales. S'il en est de même à l'état de mouvement, le fluide est dit *parfait*, si non le fluide est dit *visqueux*.

*Il n'y a donc pas lieu de séparer la statique des fluides parfaits de celle des fluides visqueux; la dynamique des fluides visqueux sera traitée à part [n° **11**].*

*Les équations générales de l'hydrostatique et de la dynamique des fluides parfaits, de même que celles relatives à un système continu quelconque peuvent s'obtenir par l'application du théorème suivant relatif à un système matériel: dans un système quelconque, les forces extérieures et les forces d'inertie vérifient à chaque instant les six conditions d'équivalence à zéro d'un système de vecteurs[33]). Or les

26) **Daniel Bernoulli* [Hydrodynamica, Strasbourg 1738, p. 30, 256] établit nettement la distinction entre la pression hydrostatique et la pression hydrodynamique.*

27) **Daniel Bernoulli*, Hydrodynamica [26]), p. 124;* cf. *E. Mach*, Die Mechanik [1]), (2e éd.), p. 378, 383; (3e éd.) p. 398, 402; La mécanique, p. 386, 390.

28) Figure de la terre [6]), Paris 1743.

29) Essai d'une nouvelle théorie sur la résistance des fluides, Paris 1752.

30) Hist. Acad. Berlin 11 (1755), éd. 1757, p. 274/315 [1755]; Novi Comm. Acad. Petrop. 14 I (1769), éd. 1770, p. 270/386 [1766].

31) *L. Euler*, Hist. Acad. Berlin 11 (1755), éd. 1757, p. 315/61 [1755]; *S. D. Poisson*, Traité de mécanique, (2e éd.) 2, Paris 1833, p. 517; *G. Kirchhoff*, Mechanik, (1re éd.) Leipzig 1876; (2e éd.) Leipzig 1877; (3e éd.) Leipzig 1883, p. 126; (4e éd.) publ. par *W. Wien*, Leipzig 1897; **P. Appell*, Traité de mécanique rationnelle, (1re éd.) 3, Paris 1903, p. 116/226; (2e éd.) 3, Paris 1909, p. 117/222.*

32) *Le mot „effort" a été adopté par *E. Cosserat* et *F. Cosserat* dans leurs mémoires sur l'élasticité [Ann. Fac. sc. Toulouse (1) 10 (1896), mém. n° 9, p. 38]. En anglais, *W. J. M. Rankine* [Manual of applied mechanics, Londres 1858; (5e éd.) Londres 1876] a fait usage du mot „stress"; dans sa trad. française *A. Vialay* [Manuel de mécanique appliquée, Paris 1876] dit simplement „actions moléculaires".*

33) *Cette méthode a été indiquée par *A. L. Cauchy* dans un mémoire in-

forces extérieures relatives à la portion A d'un fluide intérieure à une surface S sont de deux sortes:

1°) Les forces extérieures agissant sur les éléments de volume; soient

$$\varrho X d\tau, \quad \varrho Y d\tau, \quad \varrho Z d\tau$$

leurs projections sur trois axes rectangulaires fixes, X, Y, Z étant les projections de la force rapportée à l'unité de masse, $d\tau$ le volume considéré.

2°) Les forces extérieures agissant sur les éléments superficiels de A: sur chaque élément $d\sigma$ agit une force normale[34])

$$p\,d\sigma$$

s'il s'agit d'un fluide au repos ou d'un fluide parfait en mouvement.*

Écrivant les six équations d'équivalence à zéro pour toute portion A du fluide donné et transformant les intégrales de surface en intégrales triples, on obtient finalement trois équations seulement:

$$(1) \qquad \begin{cases} \varrho(X - j_x) = \dfrac{\partial p}{\partial x}, \\ \varrho(Y - j_y) = \dfrac{\partial p}{\partial y}, \\ \varrho(Z - j_z) = \dfrac{\partial p}{\partial z}, \end{cases}$$

j_x, j_y, j_z étant les projections sur les axes de l'accélération de la particule fluide se trouvant à l'instant considéré au point (x, y, z).

titulé: de la pression ou tension dans un corps solide, Exercices math. 2, Paris 1827, p. 42/59; Œuvres (2) 7, Paris 1889, p. 60/81.* *A. G. Greenhill* [Encyclopaedia Britannica, (11e éd.) 14, Cambridge 1910, p. 115/35 (article hydromechanics)] tire les équations de l'hydrostatique de ce principe à l'aide du théorème de Green [cf. II 4].

**J. L. Lagrange* [Mécanique analyt.[1]), (3e éd.) 1, p. 173/206; Œuvres 11, p. 197/236] déduit les équations de l'hydrostatique du principe des travaux virtuels; voir aussi *J. Moutier*, Cours de physique 1, Paris 1883, p. 30/6, 62; *P. Duhem*, Ann. Fac. sc. Toulouse (1) 4 (1890), mém. n° 3, p. 1/35*; *A. G. Greenhill* [Encyclopaedia Britannica, (11e éd.) 14, Cambridge 1910, p. 115/35 (art. hydromechanics)] obtient les équations du mouvement en évaluant l'accroissement de quantité de mouvement éprouvé par le fluide enfermé dans une surface fixe; cette méthode équivaut à celle employée par *L. Euler*, Hist. Acad. Berlin 11 (1755), éd. 1757, p. 274/315 [1755]; *J. L. Lagrange* [Mécanique analyt.[1]), (3e éd.) 2, p. 250; Œuvres 12, Paris 1889, p. 273] les déduit du principe de d'Alembert. Voir aussi *A. B. Basset* [A treatise on hydrodynamics 1, Cambridge 1888, p. 32] qui oublie un facteur ϱ_0 dans les deux dernières équations de la p. 32 et *W. Wien*, Hydrodynamik, Leipzig 1900, p. 47.

34) **J. Moutier*[29]) [Cours de physique 1, Paris 1883, p. 30/3] établit comme conséquence du principe des travaux virtuels que la pression est nécessairement normale. Voir aussi *A. L. Cauchy*, Exercices math. 2, Paris 1827, p. 23/4; Œuvres (2) 7, Paris 1889, p. 37/9.*

Les équations de l'hydrostatique s'en déduisent:

$$(2)\qquad \begin{cases} \varrho X = \dfrac{\partial p}{\partial x}, \\ \varrho Y = \dfrac{\partial p}{\partial y}, \\ \varrho Z = \dfrac{\partial p}{\partial z}. \end{cases}$$

Elles peuvent se résumer en une seule[35]):

$$\varrho(Xdx + Ydy + Zdz) = dp.$$

Si les forces (X, Y, Z) admettent une fonction de forces U, l'équation d'équilibre devient

$$\varrho dU = dp.$$

Pour un fluide déterminé, la pression, la densité et la température sont liées par une relation caractéristique[36])

$$F(p, \varrho, \tau) = 0.$$

Si une même relation $F(p, \varrho, \tau) = 0$ est valable dans toute l'étendue du fluide, on dit que le fluide est *homogène*. La relation

$$\varrho(1 + \alpha\tau) = kp$$

est caractéristique des *gaz parfaits*; la relation

$$\varrho(1 + \alpha\tau) = k$$

est caractéristique des *liquides incompressibles*.

Les surfaces

$$p = c,$$

où c est une constante, sont appelées *surfaces de niveau*; *les surfaces

$$\varrho = c$$

sont appelées *surfaces d'égale densité*; les surfaces

$$\tau = c$$

sont appelées *surfaces isothermes**.

Les équations (2) mettent en évidence que dans un fluide en équilibre la force en chaque point est normale à la surface de niveau passant par ce point et dirigée du côté où p augmente[37]); il ne peut

35) Le fait que dans le cas de deux variables $\varrho(Xdx + Ydy)$ est une différentielle exacte était connu de *J. d'Alembert*, Essai[29]), Paris 1752, p. 17/8. Voir (id. p. 197/9) un essai de généralisation pour le cas de trois variables.

36) *L'étude de la relation caractéristique dépend de la Thermodynamique; pour l'emploi de cette relation dans la mécanique des fluides, voir *C. A. Bjerknes*, Acta math. 4 (1884), p. 121/70; cf. note 65.*

37) On trouve dans *Chr. Huygens* [Discours sur la cause de la pesanteur (à la fin du Traité de la lumière) Leyde 1690; trad. en latin: De gravitatis causa dissertatio, Opera reliqua 1, Amsterdam 1728, p. 97/136] les premières traces de ce résultat que les lignes de force sont orthogonales à une famille de surfaces. Voir IV 16, **10**.

y avoir équilibre que pour des lois de forces telles que l'expression

$$Xdx + Ydy + Zdz$$

admette un facteur intégrant; cette condition est

$$X\left(\frac{\partial Z}{\partial y} - \frac{\partial Y}{\partial z}\right) + Y\left(\frac{\partial X}{\partial z} - \frac{\partial Z}{\partial x}\right) + Z\left(\frac{\partial Y}{\partial x} - \frac{\partial X}{\partial y}\right) = 0$$

en sorte que le vecteur-tourbillon du vecteur (X, Y, Z) est ou *nul* ou *perpendiculaire à ce vecteur.*

Si, outre la relation caractéristique

$$F(p, \varrho, \tau) = 0,$$

on donne une autre relation entre p, ϱ, τ, la densité ϱ devient fonction de la seule variable p et l'équilibre n'est possible que si le champ de forces est conservatif. C'est le cas d'un fluide à température constante. Inversement, si le champ admet une fonction de forces U, l'équilibre n'est possible que si p est fonction de ϱ; les surfaces

$$U = c$$

sont dans ce cas identiques aux surfaces de niveau, aux surfaces isothermes et aux surfaces d'égale densité. Dans le cas où p est fonction de ϱ, *l'équation

$$\varrho\, dU = dp$$

montre facilement que toute augmentation infiniment petite de pression se transmet en chaque point du fluide proportionnellement à la densité en ce point, toute augmentation finie se transmet intégralement dans un liquide incompressible en équilibre isotherme (*principe de Pascal*)*. L'équation d'équilibre peut être intégrée sous la forme

$$\int_{(C)} \frac{dp}{\varrho} = U_B - U_A,$$

l'intégrale étant étendue à un chemin arbitraire (C) reliant le point B au point A, ϱ étant la fonction donnée de p. Dans le cas de l'équilibre isotherme d'un liquide incompressible, l'équation devient

$$\frac{p_B - p_A}{\varrho} = U_B - U_A;$$

elle donne immédiatement la différence de pression aux deux points A et B.

Si deux fluides soumis à des forces dépendant d'une même fonction de forces sont en contact, la surface de séparation est une surface de niveau[38]. [Il en est ainsi de la surface libre d'un liquide pesant].

38) *A. C. Clairaut* [Figure de la terre[8], (2e éd.) p. 96/101] a démontré que la surface libre est une surface de niveau.

3. Équilibre des fluides pesants[39]). Si l'axe des z est vertical et dirigé vers le haut, la fonction de forces est

$$-gz,$$

g étant l'accélération de la pesanteur. Les surfaces de niveau, isothermes ou d'égale densité, sont des plans horizontaux. La différence de pression entre deux points de cotes z et z_0 est

$$\int_{z_0}^{z} \varrho g dz.$$

S'il s'agit d'un liquide incompressible en équilibre isotherme, sur une hauteur assez petite pour que g puisse être regardé comme constant, cette différence de pression est

$$\varrho g(z - z_0);$$

*la pression en un point est

$$\varrho g Z,$$

Z étant la distance du point à un certain plan horizontal appelé *plan de charge**.

Les pressions s'exerçant sur une portion de surface S n'ont pas en général de résultante unique. La somme de leurs projections sur la verticale est égale au poids d'une colonne remplie de liquide qui irait verticalement de la surface S au plan de charge[40]) (à condition que la normale dirigée vers la partie agissante soit, le long de S, partout ascendante ou partout descendante). La somme des projections de ces pressions sur une horizontale D est égale à la pression résultante relative à la projection de S sur un plan perpendiculaire à D.

La pression résultante sur une surface plane est égale au produit de l'aire de cette surface par la valeur de la pression au centre de gravité. Les coordonnées $\bar{x}$ et $\bar{y}$ de son point d'application sont données par les formules[41])

$$\begin{cases} \bar{x} \iint y dx dy = \iint xy dx dy, \\ \bar{y} \iint y dx dy = \iint y^2 dx dy, \end{cases}$$

39) *S. D. Poisson*, Mécanique[31]), (2e éd.) 2, p. 554/78; *G. Kirchhoff*, Mechanik[31]), (3e éd.) p. 133/4. On trouve dans *A. G. Greenhill* [A treatise on hydrostatics, Londres 1894, p. 27/92] des détails concernant des cas particuliers.

40) *S. Stevin*, De Beghinselen[4]); Œuvres math., éd. *A. Girard* 2, p. 487/96 (prop. 10/5); *S. D. Poisson*, Mécanique[31]), (2e éd.) 2, p. 555; **H. Poincaré*, Cinématique et mécanismes, Paris 1899, p. 272.*

41) Les seconds membres de ces formules sont des intégrales d'inertie étendues à l'aire considérée.

si l'on prend pour axe des x l'intersection du plan donné avec le plan de charge, pour axe des y une perpendiculaire dans le plan donné. Ce point s'appelle le *centre de pression.*

Pour appliquer les équations de l'hydrostatique à l'équilibre de l'atmosphère[42]), il faudrait se donner une loi de variation de la température τ. En supposant τ constant et tenant compte des variations de g, on obtient

$$p = p_0 e^{-\frac{g \varrho_0 z a}{p_0 (z+a)}},$$

a étant le rayon de la terre, p_0 et ϱ_0 la pression et la densité à la surface de la terre, p la pression à l'altitude z[42]).

Si l'on suppose que p et ϱ sont liés adiabatiquement, en sorte que

$$\frac{p}{\varrho^\gamma} = c,$$

la pression à l'altitude z est donnée par la formule

$$1 - \left(\frac{p}{p_0}\right)^{\frac{\gamma-1}{\gamma}} = \frac{\gamma-1}{\gamma} \frac{\varrho_0}{p_0} \frac{g a z}{a+z}.$$

Cet état de l'atmosphère s'appelle *équilibre de convection*[43]).

4. Équilibre relatif isotherme d'un fluide incompressible. Si un fluide en équilibre relatif tourne autour de l'axe des z avec une vitesse constante ω sous l'action de forces conservatives, la force centrifuge, rapportée à l'unité de masse, est donnée par les formules

$$j_x = -\omega^2 x, \quad j_y = -\omega^2 y,$$

et les équations du mouvement admettent l'intégrale

$$V - \int \frac{dp}{\varrho} + \frac{1}{2} \omega^2 (x^2 + y^2) = c,$$

où c est une constante.

Si l'axe de rotation est vertical et si le fluide est incompressible, soumis uniquement à la pesanteur, les surfaces de niveau sont des

---

42) *S. D. Poisson,* Mécanique[31]), (2e éd.) 2, p. 609 et suiv.; *G. Kirchhoff,* Mechanik[31]), (3e éd.) p. 127.

P. S. Laplace [Mécanique céleste 4, Paris 1805, seconde partie livre 10, chap. 4; Œuvres 4, Paris 1880, p. 290/4] donne une formule plus complète pour la détermination de l'altitude à l'aide du baromètre; voir dans l'annuaire du bureau des longitudes, Paris 1852 et années suivantes jusqu'à 1907 (en 1907, p. 258/81) les tables de *Cl. L. Mathieu* pour l'application de cette formule.*

43) *W. Thomson,* Proc. liter. philos. Soc. Manchester 2 (1862), p. 125; Papers 3, Cambridge (Londres) 1890, p. 255; *A. G. Greenhill,* Hydrostatics[39]), p. 314, 491.

paraboloïdes égaux de révolution autour de l'axe[44]). Leur paramètre est

$$\frac{g}{\omega^2}$$

et la pression en un point est le produit de $g\varrho$ par la distance comptée verticalement du point à la surface libre.

Si une masse fluide incompressible homogène, dont tous les éléments s'attirent suivant la loi de Newton, est limitée à un ellipsoïde

$$\frac{x^2}{a^2} + \frac{y^2}{b^2} + \frac{z^2}{c^2} = 1,$$

le long duquel la pression est égale à une constante p_0, il est possible que cette masse soit en équilibre relatif dans une rotation uniforme de vitesse ω autour d'un axe de symétrie Oz. Le potentiel des forces d'attraction et centrifuges est donné par la formule[45])

$$V = \tfrac{1}{2}\omega^2(x^2 + y^2) - \tfrac{1}{2}(Ax^2 + By^2 + Cz^2),$$

A, B, C représentant les intégrales

$$A = 2\pi abcg\varrho \int_0^{+\infty} \frac{d\lambda}{(a^2+\lambda)\sqrt{(a^2+\lambda)(b^2+\lambda)(c^2+\lambda)}},$$

$$B = 2\pi abcg\varrho \int_0^{+\infty} \frac{d\lambda}{(b^2+\lambda)\sqrt{(a^2+\lambda)(b^2+\lambda)(c^2+\lambda)}},$$

$$C = 2\pi abcg\varrho \int_0^{+\infty} \frac{d\lambda}{(c^2+\lambda)\sqrt{(a^2+\lambda)(b^2+\lambda)(c^2+\lambda)}},$$

où g désigne la constante de la gravitation; ω et a, b, c sont liés par les relations[46])

$$(1) \qquad a^2(A - \omega^2) = b^2(B - \omega^2) = Cc^2.$$

44) *D. Bernoulli*, Hydrodynamica [26]), p. 246. La concavité de la surface libre a été mentionnée par *I. Newton*, Principia math [7]), comme conséquence de sa huitième définition du livre 1; (2e éd.) p. 4/5; Opera, éd. *S. Horsley* 2, p. 5/12; trad. marquise *du Châtelet* 1, p. 6, 7, 13.

*Un appareil fondé sur cette théorie permet de mesurer les vitesses angulaires, cf. *A. G. Greenhill*, Hydrostatics [39]), p. 448.*

45) Voir l'article II 24.

46) On doit ce résultat à *C. G. J. Jacobi*, Ann. Phys. und Chemie, Zweite Folge (2) 3 (1834), p. 229; Werke 2, Berlin 1882, p. 19; voir aussi *J. Liouville*, J. Éc. polyt. (1) cah. 23 (1834), p. 289/96; *W. Thomson* et *P. G. Tait*, Treatise on natural philosophy, (1re éd.) Oxford 1867; (2e éd.) 1^2, Cambridge 1883, p. 330. Le mouvement a été discuté en détail par *C. O. Meyer* [J. reine angew. Math. 24 (1842), p. 44], *J. Liouville* [J. math. pures appl. (1) 16 (1851), p. 241] et *G. H. Darwin* [Proc. R. Soc. London 41 (1886), p. 319/36].

Il en résulte que les ellipsoïdes vérifiant la relation

$$(2) \qquad (A - B)a^2b^2 + Cc^2(a^2 - b^2) = 0$$

sont des figures d'équilibre possibles: on les appelle *ellipsoïdes de Jacobi.* La discussion de ces équations montre que l'axe de rotation doit être le plus petit axe.

Les ellipsoïdes pour lesquels $a = b$ sont des sphéroïdes aplatis, la vitesse de rotation est liée à la forme de l'ellipsoïde par l'équation[47])

$$(3) \qquad \omega^2 f^3 = 2\pi g \varrho [(3 + f^2) \operatorname{arc\,tang} f - 3f],$$

dans laquelle

$$f^2 = \frac{a^2 - c^2}{c^2}.$$

Ces sphéroïdes portent le nom de *sphéroïdes de Maclaurin.*

Si l'un de ces sphéroïdes est à peu près sphérique, on a

$$15 a \omega^2 = 16 \pi g \varrho (a - c).$$

Les figures ellipsoïdales d'équilibre correspondant à une valeur donnée de ω sont les suivantes:

si

$$0{,}224 \cdots < \frac{\omega^2}{2\pi g \varrho}$$

il n'y a aucun ellipsoïde d'équilibre;

si

$$0{,}187 < \frac{\omega^2}{2\pi g \varrho} < 0{,}224$$

il y a deux ellipsoïdes de révolution qui sont figures d'équilibre;

si

$$\frac{\omega^2}{2\pi g \varrho} < 0{,}187$$

il y a deux ellipsoïdes de révolution et un ellipsoïde à axes inégaux qui sont figures d'équilibre.

Il existe aussi des figures d'équilibre présentant la forme de cylindres circulaires ou elliptiques illimités.

---

47) On doit un résultat équivalent à *C. Maclaurin,* De causa physica fluxus et refluxus maris [Pièces qui ont remporté le prix à l'Académie des sciences de Paris en 1740, éd. Paris 1741, p. 202/18]; A treatise of fluxions 2, Edimbourg 1742, p. 531/2, 534/5, 536/7; trad. *E. Pezenas,* Traité des fluxions 2, Paris 1749, p. 113, 116, 118; cf. *W. Thomson* et *P. G. Tait,* Natural philos.[46]), (2e éd.) 1[2], p. 326]. Le mouvement a été discuté en détail par *P. S. Laplace,* Mécanique céleste 2, Paris an VII, p. 50; Œuvres 2, Paris 1878, p. 53. Sur l'application de la théorie à la forme de la terre, consulter le tome VI de l'Encyclopédie; en particulier voir *P. S. Laplace,* Exposition du système du monde, (2 vol.), Paris an IV; (6e éd.) Paris 1835; Œuvres 6, Paris 1884, p. 267. *Voir aussi *F. Tisserand,* Traité de mécanique céleste 2, Paris 1891, p. 89.*

Pour plus de détails concernant les ellipsoïdes fluides, voir IV 18, 4 *où seront exposés les importants travaux de *H. Poincaré* sur les figures d'équilibre relatif.*

5. Équilibre des corps flottants dans un liquide incompressible. Dans ce numéro les expressions centre d'un volume, centre d'une surface seront employées pour désigner les centres de gravité de ce volume ou de cette surface supposés homogènes.

Si un solide est maintenu immobile dans un fluide A en équilibre sous l'action de certaines forces, et s'il est possible, sans modifier l'état de ce fluide A, de remplacer le solide par un fluide B de même nature que le fluide donné, de façon que le fluide total AB soit en équilibre, les actions du fluide A sur le solide sont les mêmes que celles qu'il exercerait sur le fluide B et par suite forment un système équivalent à zéro avec les forces extérieures agissant sur les éléments de volume du fluide auxiliaire B. C'est à ce théorème que l'on a donné le nom de *principe d'Archimède*[8]).

Dans le cas d'un *flotteur*, c'est-à-dire d'un solide partiellement immergé dans un liquide incompressible en équilibre sous l'action de la pesanteur, les actions du liquide sur le solide ont une résultante unique égale et opposée au poids du liquide déplacé. Cette *poussée* du liquide est appliquée au centre du volume V' découpé dans le corps par la surface libre. Si le corps flotte librement, cette poussée est égale au poids W du solide et l'on a

$$W = V' g \varrho .$$

Tout plan découpant dans le flotteur un volume

$$V' = \frac{W}{g \varrho}$$

s'appelle *plan de flottaison*. *La section du flotteur par un plan de flottaison est une surface plane appelée *flottaison*.* Le volume V' détaché par un plan de flottaison dans le flotteur s'appelle *carène*. Son centre C s'appelle *centre de carène*.

La surface (F) enveloppe des flottaisons découpant un même volume V' s'appelle *surface des flottaisons isocarènes*. Le point de contact F de chaque plan de flottaison avec cette enveloppe est le centre de la flottaison correspondante. La surface (C) lieu des centres de carène correspondants C s'appelle *surface des centres de carène*; elle est convexe en chacun de ses points. Les plans tangents aux surfaces (F) et (C) en deux points F et C correspondants sont parallèles. Les directions principales de la surface (C) en un point C sont parallèles aux axes principaux d'inertie de la flottaison correspondante en F.

*La droite D d'intersection de deux flottaisons infiniment voisines est un *axe d'inclinaison*; le cylindre circonscrit à la surface (C) parallèlement à D s'appelle *cylindre* (C); parmi ses points de contact avec la surface (C) figure le point C relatif à la flottaison considérée; le centre de courbure M en C de la section droite du cylindre s'appelle *métacentre relatif à l'axe d'inclinaison* D[48]); le rayon de courbure CM s'appelle *rayon métacentrique*; il a pour valeur

$$\frac{J}{V'},$$

J étant le moment d'inertie de la flottaison par rapport à l'axe D.*

La distance d'un métacentre M au centre de gravité du flotteur s'appelle quelquefois *hauteur métacentrique*. Le *petit et le grand métacentres* en un point C ont pour rayons

$$\frac{J_1}{V'} \text{ et } \frac{J_2}{V'},$$

J_1 et J_2 étant les moments principaux d'inertie de la flottaison au point F.

Les positions d'équilibre du flotteur s'obtiennent en menant de son centre de gravité G des normales à la surface (C); le problème de l'équilibre et de la stabilité se ramène à celui de l'équilibre et de la stabilité d'un corps auxiliaire dont la surface serait (C), le centre de gravité G, et qui reposerait sur un plan horizontal.

Au point de vue de la stabilité, on peut remarquer que si l'on fait tourner le flotteur d'un petit angle θ autour d'un axe d'inclinaison D, son énergie potentielle augmente ou diminue de

$$\tfrac{1}{2} W \cdot GM \cdot \theta^2,$$

M étant le métacentre correspondant, suivant que G est au-dessous ou au-dessus de M, c'est-à-dire suivant que l'on a

$$\frac{J}{V'} > GC \qquad \text{ou} \qquad \frac{J}{V'} < GC.$$

Le poids et la poussée forment un couple dont le moment par rapport

48) *Après *Archimède*[8]), *P. Bouguer* [Traité du navire, Paris 1746, p. 199 et suiv.] et *L. Euler* [Scientia navalis, St Pétersbourg 1749; adaptation élémentaire française destinée aux marins réd. par *L. Euler*: Théorie complette (complète) de la construction et de la manœuvre des vaisseaux, St Pétersbourg 1773; (2e éd.) Paris 1776] s'occupèrent simultanément de la théorie des corps flottants; *Ch. Dupin* [Application de géométrie et de mécanique à la marine, Paris 1822] introduisit les surfaces (C) et (F) et donna les principes des méthodes employées aujourd'hui. L'expression $\frac{dJ}{dV'}$, pour le rayon de courbure du lieu de F, a été donnée par *E. Leclert*, Messenger math. (2) 1 (1872), p. 167/75; Mémorial du génie maritime 2, Paris 1873, p. 42. Elle a été généralisée par *E. Guyou*, Revue maritime et coloniale 60 (1879), p. 682; Théorie du navire, (1re éd.) Paris 1887, p. 32; (2e éd.) Paris 1894, p. 35. Les formes des surfaces (C) et (F) ont été discutées, dans un grand nombre de cas particuliers, par *A. G. Greenhill*, Hydrostatics[39]), p. 137/232.*

à D est[49])

$$W \cdot GM \cdot \theta;$$

il tend à redresser le flotteur dans le premier cas, à le faire chavirer dans le second. La stabilité exige que G soit en dessous du petit métacentre. Si D coïncide avec un axe principal d'inertie de la flottaison en même temps qu'avec un axe principal du flotteur en F, les périodes de l'oscillation en négligeant l'inertie du liquide sont celles d'un pendule simple dont la longueur serait $\frac{k^2}{h}$, k étant le rayon de gyration du corps autour de l'axe D, h la distance de G au métacentre correspondant[50]).

6. Cinématique des fluides[51]). En chaque point d'une masse fluide continue en mouvement par rapport à des axes rectangulaires

49) *Dans un mémoire écrit en 1650 [De iis quae liquido supernatant, libri III; Œuvres 11, La Haye 1908, p. 93/210], *Chr. Huygens* a traité le problème de l'équilibre des corps flottants en se basant sur ce principe que, dans l'équilibre, le centre de gravité de l'ensemble du liquide et du flotteur est le plus bas possible.

La stabilité fut étudiée par *P. Bouguer* [Traité du navire[48]), p. 254 et suiv.], par *J. M. C. Duhamel* [Mémoire sur la stabilité des corps flottants, Paris 1832; J. Éc. polyt. (1) cah. 24 (1835), p. 12/6; Cours de mécanique, (1re éd.) 2, Paris 1846; (2e éd.) 2, Paris 1853; (3e éd.) 2, Paris 1863, p. 252/70]; les hypothèses de *J. M. C. Duhamel* furent critiquées par *A. Clebsch* [J. reine angew. Math. 57 (1860), p. 149/69.*

La stabilité fut ensuite étudiée par *Ch. Dupin* [Applic. de géom.[48]), p. 1/74; Mémoire sur la stabilité des corps flottants, signalé dans les Mém. de la classe des sciences mathématiques et physiques de l'Institut de France 14 (1813/5), p. LIV; Correspondance sur l'Éc. polyt. 3 (1814/6), p. 212/24] au moyen du couple mentionné dans le texte.

W. Thomson et *P. G. Tait* [Natural philos.[46]); (2e éd.) 1², p. 320/4] appliquèrent au problème la théorie de l'énergie; *E. Guyou* [Théorie du navire[48]), (1re éd.) p. 12 et suiv.] développa systématiquement et rigoureusement la théorie de la stabilité *suivant une idée émise par *A. Bravais* [Thèse, Lyon 1837; Sur l'équilibre des corps flottants, Paris 1840], en l'appuyant sur le théorème de *G. Lejeune Dirichlet* relatif à la stabilité*.

Une bibliographie très détaillée se trouve dans *J. Pollard* et *A. Dudebout*, Architecture navale 1, Paris 1890, p. XX à XXVII.

Les conditions de stabilité de corps flottants et de fluides en contact entre eux ont été traitées au point de vue thermodynamique par *P. Duhem*, J. math. pures appl. (5) 1 (1895), p. 91; (5) 2 (1896), p. 23/40; (5) 3 (1897), p. 151/93.

*L'équilibre d'un navire avec un chargement liquide a été étudié par *E. Guyou* [Théorie du navire[48]), (2e éd.) p. 115/9], par *P. Duhem* [dans plusieurs mémoires énumérés C. R. Acad. sc. Paris 129 (1899), p. 879]; par *A. G. Greenhill* [Hydrostatics[39]), p. 174], par *P. Appell* [C. R. Acad. sc. Paris 129 (1899), p. 567/9, 636/7; J. Éc. polyt. (2) cah. 5 (1900), p. 101/17].*

50) *A. L. Cauchy* [Mém. présentés Acad. sc. Paris (2) 1 (1827), p. 60; Œuvres (1) 1, Paris 1882, p. 33; Exercices math. 2, Paris 1827, p. 60/9; Œuvres (2) 7, Paris 1889, p. 82/93] est le fondateur de la cinématique des milieux continus.*

51) La cinématique des fluides a été traitée par *E. Beltrami* dans une suite

Ox, Oy, Oz, passe à un instant donné une particule fluide dont la vitesse est un vecteur (u, v, w). Les intégrales

$$\iiint \varrho u\,dx\,dy\,dz, \quad \iiint \varrho v\,dx\,dy\,dz, \quad \iiint \varrho w\,dx\,dy\,dz$$

étendues à la région intérieure à une surface fermée arbitraire représentent les composantes suivant les axes de la quantité de mouvement du fluide remplissant cette région[52]).

Les deux systèmes principaux de variables employés dans la cinématique des milieux continus sont les *variables de Lagrange* et les *variables d'Euler*[53]).

Une particule, qui à l'instant initial $t = 0$ se trouvait au point (x_0, y_0, z_0), se trouve à l'instant arbitraire t au point (x, y, z); x, y, z sont alors des fonctions de x_0, y_0, z_0, t

(1) $x = f(x_0, y_0, z_0, t), \quad y = \varphi(x_0, y_0, z_0, t), \quad z = \psi(x_0, y_0, z_0, t).$

Ces quatre variables x_0, y_0, z_0, t sont les *variables de Lagrange.*

La vitesse (u, v, w) de la particule qui, à un instant donné t, passe en un point de l'espace dépend des coordonnées x, y, z de ce point et de l'instant t considéré. Ces quatre variables x, y, z, t sont les *variables d'Euler.*

Si u, v, w sont indépendants de t, le mouvement est dit *permanent.* La distribution des vitesses dans l'espace est alors invariable.

Étant donné une fonction arbitraire $F(x, y, z, t)$ des variables d'Euler, on peut en prendre la dérivée par rapport à t en laissant x, y, z fixes; nous désignerons cette dérivée par $\frac{\partial F}{\partial t}$; on peut aussi en prendre la dérivée en y regardant x, y, z comme les coordonnées d'un

---

de monographies, Mem. Ist. Bologna (3) 1 (1870/1), p. 431; (3) 2 (1871/2), p. 381/437; (3) 3 (1872/3), p. 349/407; (3) 5 (1874), p. 443/84; Opere 2, Milan 1904, p. 202/377. Voir aussi *N. Žukovskij* (*Joukovsky*), Mat. Sbornik (recueil Soc. math. Moscou) 8 (1876), p. 1/79, 163/238; trad. Bull. sc. math. (2) 1 (1877), p. 98/106.

52) *J. Clerk Maxwell* [Treatise on electricity and magnetism, (1re éd.) Londres 1873; (2e éd.) 1, Londres 1881, p. 11; trad. française par *G. Seligmann-Lui*, Traité d'électricité et de magnétisme 1, Paris 1885, p. 11/2] définit la vitesse en un point d'un fluide à l'aide du *flux* à travers un plan, c'est-à-dire de la masse qui, pendant l'unité de temps, traverse l'unité d'aire située dans un plan passant par le point considéré. Il définit aussi [Philos. Trans. London 157 (1867), p. 49/88] la vitesse au moyen de la quantité de mouvement relative à la portion de fluide intérieure à une surface quelconque; voir aussi *O. Reynolds*, Philos. Trans. London 186 A (1895), part I, p. 126/33.

53) Ces deux systèmes de variables ont été employés par *L. Euler* [Hist. Acad. Berlin 11 (1755), éd. 1757, p. 274/315 [1755]]; ils ont été donnés également par *J. L. Lagrange*, Méchanique analitique 2, Paris 1788, p. 442/9, 450/3; (3e éd.) Mécanique analytique 2, Paris 1855, p. 253/62, 262/6; Œuvres 12, Paris 1889, p. 276/85, 285/9.

même élément fluide suivi dans son mouvement; nous désignerons cette autre dérivée par rapport à t par la notation $\frac{\delta F}{\delta t}$[54]); on a évidemment

$$\frac{\delta F}{\delta t} = u\frac{\partial F}{\partial x} + v\frac{\partial F}{\partial y} + w\frac{\partial F}{\partial z} + \frac{\partial F}{\partial t}. \tag{2}$$

Avec les variables de Lagrange, les projections u, v, w de la vitesse et celles j_x, j_y, j_z de l'accélération sont données par les dérivées partielles du premier et du second ordre par rapport à t des fonctions (1):

$$u = \frac{\delta x}{\delta t},\ v = \frac{\delta y}{\delta t},\ w = \frac{\delta z}{\delta t},\ j_x = \frac{\delta^2 x}{\delta t^2},\ j_y = \frac{\delta^2 y}{\delta t^2},\ j_z = \frac{\delta^2 z}{\delta t^2}.$$

Ces fonctions (1) doivent vérifier *l'équation de continuité* qui exprime que chaque élément matériel conserve sa masse[55]),

$$\frac{\delta}{\delta t}\left[\varrho\frac{D(x,y,z)}{D(x_0,y_0,z_0)}\right] = 0,$$

$\frac{D(x,y,z)}{D(x_0,y_0,z_0)}$ étant le déterminant fonctionnel (le jacobien) des fonctions (1) dans lesquelles t a une valeur fixe.

Une généralisation des variables de Lagrange peut s'obtenir de la manière suivante: la condition pour qu'une quantité F liée au fluide conserve la même valeur à tout instant pour une même particule est avec les variables d'Euler

$$\frac{\delta F}{\delta t} = 0 \quad \text{ou} \quad \frac{\partial F}{\partial x}u + \frac{\partial F}{\partial y}v + \frac{\partial F}{\partial z}w + \frac{\partial F}{\partial t} = 0; \tag{3}$$

de sorte que, si $F(x, y, z, t)$ vérifie cette équation, toute surface

$$F = \text{const.}$$

se déforme tout en restant constamment formée des mêmes éléments matériels. Si

$$F_1 = 0,\ F_2 = 0,\ F_3 = 0$$

représentent trois solutions indépendantes de l'équation (3), nous aurons trois familles de surfaces de ce genre en posant[56])

$$F_1(x, y, z, t) = P, \quad F_2(x, y, z, t) = Q, \quad F_3(x, y, z, t) = R. \tag{4}$$

Puisque les valeurs de P, Q, R restent constantes pour une même parti-

54) *A. B. Basset* [Hydrodynamics[35]) 1, Cambridge 1888; 2, Cambridge 1888] emploie la notation $\frac{\partial}{\partial t}$ au lieu de la notation $\frac{\delta}{\delta t}$ employée ici; *H. Lamb* [Hydrodynamics, Cambridge 1895] emploie la notation $\frac{D}{Dt}$; dans ses Traités de mécanique, *P. Appell* fait usage de la notation $\frac{d}{dt}$. C'est cette dernière notation qu'on emploie presque toujours dans les travaux allemands.

55) Cette équation a été donnée pour la première fois par *L. Euler*, Novi Comm. Petrop. 14 I (1769), éd. 1770, p. 289 [1766].

56) *M. J. M. Hill*, Quart. J. pure appl. math. 17 (1881), p. 1/20.

cule, on peut les utiliser comme coordonnées de cette particule; P, Q, R, t forment un système de variables, généralisation de celui de Lagrange. L'équation de continuité serait

$$\frac{\delta}{\delta t}\left[\varrho \frac{D(x,y,z)}{D(P,Q,R)}\right] = 0.$$

Avec les variables d'Euler, l'accélération a pour projection sur Ox:

$$j_x = \frac{\delta u}{\delta t} = \frac{\partial u}{\partial x}\cdot u + \frac{\partial u}{\partial y}\cdot v + \frac{\partial u}{\partial z}\cdot w + \frac{\partial u}{\partial t};$$

les projections j_y et j_z sont analogues. Pour obtenir avec ces variables l'équation de continuité, il suffit de remarquer que le volume de fluide, qui dans le petit intervalle de temps dt traverse un petit élément de surface dS, est

$$(lu + mv + nw)dS\cdot dt,$$

où l, m, n sont les cosinus directeurs de la normale à l'élément dS; on obtient l'équation de continuité en exprimant que l'augmentation de la masse à l'intérieur d'une surface fermée[57]) est égale à la masse qui traverse la surface de l'extérieur vers l'intérieur. On obtient ainsi[58])

$$\frac{\partial \varrho}{\partial t} + \frac{\partial(\varrho u)}{\partial x} + \frac{\partial(\varrho v)}{\partial y} + \frac{\partial(\varrho w)}{\partial z} = 0,$$

et, si le fluide est incompressible

$$\frac{\partial u}{\partial x} + \frac{\partial v}{\partial y} + \frac{\partial w}{\partial z} = 0.$$

Les vitesses (u, v, w) à l'instant t forment un champ de vecteurs; les lignes tangentes en chacun de leurs points à la vitesse en ce point sont les *lignes de courant* ou *lignes de flux* à l'instant t. Elles ont pour équations

$$\frac{dx}{u} = \frac{dy}{v} = \frac{dz}{w},$$

t étant traité comme une constante. Les trajectoires sont définies par les équations

$$\frac{dx}{u} = \frac{dy}{v} = \frac{dz}{w} = dt,$$

dans lesquelles au contraire t est variable en même temps que x, y et z. Dans le cas d'un mouvement permanent, les lignes de courant sont identiques aux trajectoires.

Le mouvement relatif[59]) aux environs d'un point $P(x, y, z)$ est

---

57) *A. G. Greenhill*, Encyclopaedia Britannica (11e éd.) 14, Cambridge 1910, p. 115/35 (article hydromechanics).

58) *L. Euler*, Novi Comm. Petersbourg 14 I (1769), éd. 1770, p. 290 [1766].

59) *A. L. Cauchy*[50]); *B. de Saint-Venant*, C. R. Acad. sc. Paris 17. (1843),

déterminé par les composantes de la vitesse d'un point voisin

$$(x+x',\ y+y',\ z+z')$$

par rapport à des axes issus de P parallèles aux axes donnés. Ces composantes sont, en se bornant aux termes du premier ordre,

$$(5)\qquad \begin{cases} ax' + hy' + gz' - \zeta y' + \eta z', \\ hx' + by' + fz' - \xi z' + \zeta x', \\ gx' + fy' + cz' - \eta x' + \xi y', \end{cases}$$

les coefficients $a, b, c, f, g, h, \xi, \eta, \zeta$ étant donnés par

$$a = \frac{\partial u}{\partial x}, \qquad b = \frac{\partial v}{\partial y}, \qquad c = \frac{\partial w}{\partial z},$$

$$2f = \frac{\partial w}{\partial y} + \frac{\partial v}{\partial z}, \quad 2g = \frac{\partial u}{\partial z} + \frac{\partial w}{\partial x}, \quad 2h = \frac{\partial v}{\partial x} + \frac{\partial u}{\partial y},$$

$$2\xi = \frac{\partial w}{\partial y} - \frac{\partial v}{\partial z}, \quad 2\eta = \frac{\partial u}{\partial z} - \frac{\partial w}{\partial x}, \quad 2\zeta = \frac{\partial v}{\partial x} - \frac{\partial u}{\partial y}.$$

Il résulte des formules (5) que, dans un petit intervalle de temps τ, la déformation par rapport aux axes issus de P d'un petit élément entourant ce point provient d'une *déformation pure* caractérisée par les coefficients a, b, c, f, g, h et d'une rotation de vitesse angulaire ξ, η, ζ[60]).

Les dilatations $\varepsilon_x, \varepsilon_y, \varepsilon_z$ et les glissements g_{yz}, g_{zx}, g_{xy} relatifs à cette déformation pure sont liés à a, b, c, f, g, h par les relations

$$a = \lim_{\tau=0} \frac{\varepsilon_x}{\tau}, \qquad b = \lim_{\tau=0} \frac{\varepsilon_y}{\tau}, \qquad c = \lim_{\tau=0} \frac{\varepsilon_z}{\tau},$$

$$2f = \lim_{\tau=0} \frac{g_{yz}}{\tau}, \qquad 2g = \lim_{\tau=0} \frac{g_{zx}}{\tau}, \qquad 2h = \lim_{\tau=0} \frac{g_{xy}}{\tau}.$$

Le *tenseur* qui a pour composantes a, b, c, f, g, h peut être appelé *vitesse de déformation* (rate of strain). La quantité

$$a + b + c,$$

invariante dans toute transformation de coordonnées orthogonales, est la *vitesse de dilatation*; nous la désignerons par Θ; elle est nulle dans le cas d'un liquide incompressible.

La vitesse angulaire

$$\xi,\ \eta,\ \zeta$$

---

p. 1240; *G. G. Stokes,* On the theory of the internal friction of fluids in motion, Trans. Cambr. philos. Soc. 8 (1842/9), éd. 1849, p. 287/319; Papers 1, Cambridge 1880, p. 75/129. Voir IV 16, n^{os} **13** à **19**.

60) *L. Euler* [Hist. Acad. Berlin 11 (1755), éd. 1757, p. 292 [1755]] a signalé que dans un mouvement de rotation autour d'un axe

$$u\,dx + v\,dy + w\,dz$$

n'est pas une différentielle exacte.

s'appelle *rotation moyenne*[61]) ou *vecteur-tourbillon* (*spin*) au point P à l'instant t. Si un petit élément sphérique de centre P pouvait être brusquement isolé du reste de la masse fluide et solidifié, il tournerait avec la vitesse ξ, η, ζ[62]). La quantité

$$\xi^2 + \eta^2 + \zeta^2$$

carré de l'intensité de cette vitesse de rotation est un invariant dans toute transformation de coordonnées orthogonales à un instant donné t; les lignes tangentes en chacun de leurs points au vecteur-tourbillon correspondant sont les *lignes de tourbillon* [n° 9] relatives à cet instant.

Un mouvement de fluide dans lequel le vecteur-tourbillon n'est pas nul est dit *tourbillonnaire*, un mouvement dans lequel le vecteur-tourbillon est nul à chaque instant dans l'étendue du fluide considéré est dit *irrotationnel* ou *non tourbillonnaire*. Dans ce cas l'expression

$$u\,dx + v\,dy + w\,dz$$

est, à chaque instant t, la différentielle d'une fonction $\varphi(x, y, z, t)$:

$$u = \frac{\partial\varphi}{\partial x}, \quad v = \frac{\partial\varphi}{\partial y}, \quad w = \frac{\partial\varphi}{\partial z};$$

φ s'appelle[63]) le *potentiel des vitesses*[64]).

7. Équations du mouvement d'un fluide parfait. Transformations. *Les équations générales du mouvement d'un fluide parfait ont été données ci-dessus [équations (1) n° 2]; à ces trois équations on doit joindre l'équation caractéristique

$$F(p, \varrho, \tau) = 0,$$

---

61) *Cette notion a été introduite par *A. L. Cauchy*[50]); l'expression „tourbillon" (Wirbel) a été employée par *H. von Helmholtz.** La locution „rotation moléculaire" souvent employée est très mal choisie: la théorie n'a aucun rapport avec les molécules. L'expression „spin" a été introduite par *W. K. Clifford*, Elements of dynamic 1, Londres 1878, p. 200. Eu égard à la différence entre les vecteurs *polaires* et les vecteurs *axiaux* [voir IV, 16], le „spin" doit être regardé comme axial. C'est le demi „curl" du vecteur vitesse.

62) *G. G. Stokes*[59]), Trans. Cambr. philos. Soc. 8 (1842/9), éd. 1849, p. 310 [1845]; Papers 1, Cambridge 1880, p. 112.

63) *H. von Helmholtz*, J. reine angew. Math. 55 (1858), p. 25/55; Wiss. Abh. 1, Leipzig 1882, p. 101/34. Dans *H. Lamb* [Hydrodynamics[54])] on désigne par $-d\varphi$ la différentielle exacte

$$-d\varphi = u\,dx + v\,dy + w\,dz;$$

cette définition de φ est choisie à cause de la signification physique de φ.

64) *Dans ce qui précède, on a supposé que les coordonnées x, y, z d'un élément fluide à l'instant t sont, ainsi que leurs dérivées premières et secondes, des fonctions continues de t et des coordonnées initiales x_0, y_0, z_0. Pour ce qui est relatif au cas où certaines de ces dérivées seraient discontinues, voir IV, 23.*

l'équation de continuité, et une autre relation entre τ et les autres fonctions inconnues, relation provenant d'une hypothèse nouvelle[65]).*

Outre ces six équations, il faut aussi tenir compte des conditions initiales et des conditions aux limites: à l'instant $t=0$,

$$u_0,\ v_0,\ w_0,\ p_0,\ \varrho_0$$

sont supposés donnés en chaque point de la région occupée par le fluide.

D'autre part, pendant le mouvement, le fluide est assujetti à rester dans un espace limité par une surface donnée fixe ou non. Si

$$f(x, y, z, t) = 0$$

est l'équation de cette surface, la condition (3) [n° **6**] doit être vérifiée à chaque instant par tous les éléments fluides pour lesquels $f(x,y,z,t)=0$, car ces éléments doivent glisser le long de cette surface[66]).

Si le fluide est en contact avec un autre corps le long d'une surface, il faut de plus, le long de cette surface, que la composante normale de l'effort relatif à un petit élément plan, parallèle au plan tangent et infiniment voisin, à l'intérieur du second corps, soit égale à la pression p du fluide dans le voisinage[67]). Si ce deuxième corps est un fluide, la pression lorsqu'on traverse la surface varie de

$$T(R^{-1} + R'^{-1}),$$

T étant la tension superficielle, R et R' les rayons de courbure principaux de la surface[68]). S'il s'agit d'un liquide, il peut exister une „surface libre", c'est-à-dire que le liquide peut être en contact avec un gaz (l'air, par exemple), dans lequel la pression peut être considérée comme une constante p_a; si l'on néglige la tension superficielle, le liquide est ainsi limité à une surface

$$p = p_a$$

qui vérifie également la condition (3) [n° **6**].

Si l'on emploie les variables de Lagrange, les inconnues sont les six fonctions $x, y, z, p, \varrho, \tau$ des variables P, Q, R, t [cf. formules (4) n° **6**]. Les équations (1) du n° 2 peuvent s'écrire

---

65) *Cf. *P. Duhem*, Hydrodynamique[19]), p. 99; C. R. Acad. sc. Paris 132 (1901), p. 117/20.*

66) Voir une discussion de ce théorème, surtout en ce qui concerne la surface libre, dans *W. Thomson*, Cambr. Dubl. math. J. 3 (1848), p. 89; Papers 1, Cambridge 1882, p. 83. *S. D. Poisson* [Mécanique[31]), (2e éd.) 2, p. 681] avait déjà remarqué la difficulté du théorème.

67) C'est la condition de *continuité de l'effort*.

68) Voir l'article V 11 sur la capillarité.

$$\frac{\delta^2 x}{\delta t^2}\cdot\frac{\delta x}{\delta P}+\frac{\delta^2 y}{\delta t^2}\cdot\frac{\delta y}{\delta P}+\frac{\delta^2 z}{\delta t^2}\cdot\frac{\delta z}{\delta P}=X\frac{\delta x}{\delta P}+Y\frac{\delta y}{\delta P}+Z\frac{\delta z}{\delta P}-\frac{1}{\varrho}\frac{\delta p}{\delta P},$$
$$\frac{\delta^2 x}{\delta t^2}\cdot\frac{\delta x}{\delta Q}+\frac{\delta^2 y}{\delta t^2}\cdot\frac{\delta y}{\delta Q}+\frac{\delta^2 z}{\delta t^2}\cdot\frac{\delta z}{\delta Q}=X\frac{\delta x}{\delta Q}+Y\frac{\delta y}{\delta Q}+Z\frac{\delta z}{\delta Q}-\frac{1}{\varrho}\frac{\delta p}{\delta Q},$$
$$\frac{\delta^2 x}{\delta t^2}\cdot\frac{\delta x}{\delta R}+\frac{\delta^2 y}{\delta t^2}\cdot\frac{\delta y}{\delta R}+\frac{\delta^2 z}{\delta t^2}\cdot\frac{\delta z}{\delta R}=X\frac{\delta x}{\delta R}+Y\frac{\delta y}{\delta R}+Z\frac{\delta z}{\delta R}-\frac{1}{\varrho}\frac{\delta p}{\delta R},$$

le sympole δ représentant la différentiation par rapport aux variables P, Q, R, t. L'équation de continuité est:

$$\frac{\delta}{\delta t}\left[\varrho\frac{D(x,y,z)}{D(P,Q,R)}\right]=0.$$

Dans les cas où ϱ est fonction de p, en même temps qu'il existe une fonction de forces V, les équations se simplifient et deviennent

$$\begin{aligned}
&\frac{\delta^2 x}{\delta t^2}\cdot\frac{\delta x}{\delta x_0}+\frac{\delta^2 y}{\delta t^2}\cdot\frac{\delta y}{\delta x_0}+\frac{\delta^2 z}{\delta t^2}\cdot\frac{\delta z}{\delta x_0}=\frac{\delta}{\delta x_0}\left(V-\int\frac{dp}{\varrho}\right),\\
(1)\qquad&\frac{\delta^2 x}{\delta t^2}\cdot\frac{\delta x}{\delta y_0}+\frac{\delta^2 y}{\delta t^2}\cdot\frac{\delta y}{\delta y_0}+\frac{\delta^2 z}{\delta t^2}\cdot\frac{\delta z}{\delta y_0}=\frac{\delta}{\delta y_0}\left(V-\int\frac{dp}{\varrho}\right),\\
&\frac{\delta^2 x}{\delta t^2}\cdot\frac{\delta x}{\delta z_0}+\frac{\delta^2 y}{\delta t^2}\cdot\frac{\delta y}{\delta z_0}+\frac{\delta^2 z}{\delta t^2}\cdot\frac{\delta z}{\delta z_0}=\frac{\delta}{\delta z_0}\left(V-\int\frac{dp}{\varrho}\right),
\end{aligned}$$

dans le cas particulier où l'on a pris pour P, Q, R les coordonnées x_0, y_0, z_0 de l'élément considéré.

Si en outre les vitesses d'une portion du fluide dérivent d'un potentiel à un instant déterminé, il en est de même à tout autre instant pour cette même portion. *Pour établir cette importante proposition due à *J. L. Lagrange*, *A. L. Cauchy* a déduit des équations précédentes, les suivantes appelées *équations de Cauchy*[69])*:

$$\begin{aligned}
&\frac{\xi}{\varrho}=\frac{\xi_0}{\varrho_0}\frac{\partial x}{\partial x_0}+\frac{\eta_0}{\varrho_0}\frac{\partial x}{\partial y_0}+\frac{\zeta_0}{\varrho_0}\frac{\partial x}{\partial z_0},\\
(2)\qquad&\frac{\eta}{\varrho}=\frac{\xi_0}{\varrho_0}\frac{\partial y}{\partial x_0}+\frac{\eta_0}{\varrho_0}\frac{\partial y}{\partial y_0}+\frac{\zeta_0}{\varrho_0}\frac{\partial y}{\partial z_0},\\
&\frac{\zeta}{\varrho}=\frac{\xi_0}{\varrho_0}\frac{\partial z}{\partial x_0}+\frac{\eta_0}{\varrho_0}\frac{\partial z}{\partial y_0}+\frac{\zeta_0}{\varrho_0}\frac{\partial z}{\partial z_0}.
\end{aligned}$$

69) La démonstration de *J. L. Lagrange* [Nouv. Mém. Acad. Berlin 12 (1781), éd. 1783, p. 170/1; Œuvres 4, Paris 1869, p. 715/7; Méchanique analitique[1]), (3e éd.) 2, Paris 1853, p. 269/71; Œuvres 12, Paris 1889, p. 294/6] était incomplète. La première démonstration rigoureuse a été donnée par *A. L. Cauchy*, Mém. présentés Acad. sc. Paris (2) 1 (1827), p. 40/3; Œuvres (1) 1, Paris 1882, p. 37/40; *G. G. Stokes* [Trans. Cambr. philos. Soc. 8 (1842/9), éd. 1849, p. 307 [1845]; Papers 1, Cambridge 1880, p. 108; Cambr. Dublin math. J. 3 (1848), p. 209; Papers 2, Cambridge 1883, p. 36] en a donné une autre démonstration accompagnée de remarques critiques et historiques; *W. Thomson* a donné une démonstration utilisant la notion de circulation [n° 9], voir à ce sujet *H. Lamb*, Hydrodynamics[54]), p. 38, 39.

Elles contiennent évidemment le théorème de Lagrange. Le calcul de *A. L. Cauchy* conduit aussi à des équations de la forme[70]):

$$(3)\quad \begin{cases} \frac{\delta x}{\delta t}\frac{\delta x}{\delta x_0}+\frac{\delta y}{\delta t}\frac{\delta y}{\delta x_0}+\frac{\delta z}{\delta t}\frac{\delta z}{\delta x_0}=\left(\frac{\delta x}{\delta t}\right)_0+\frac{\delta \chi}{\delta x_0}, \\ \frac{\delta x}{\delta t}\frac{\delta x}{\delta y_0}+\frac{\delta y}{\delta t}\frac{\delta y}{\delta y_0}+\frac{\delta z}{\delta t}\frac{\delta z}{\delta y_0}=\left(\frac{\delta y}{\delta t}\right)_0+\frac{\delta \chi}{\delta y_0}, \\ \frac{\delta x}{\delta t}\frac{\delta x}{\delta z_0}+\frac{\delta y}{\delta t}\frac{\delta y}{\delta z_0}+\frac{\delta z}{\delta t}\frac{\delta z}{\delta z_0}=\left(\frac{\delta z}{\delta t}\right)_0+\frac{\delta \chi}{\delta z_0}, \end{cases}$$

où

$$\chi = V - \int \frac{dp}{\varrho} + \frac{1}{2}q^2,$$

q désignant la vitesse de l'élément fluide.

*Ces équations expriment que l'expression

$$udx + vdy + wdz - (u_0dx_0 + v_0dy_0 + w_0dz_0)$$

est une différentielle exacte $d\chi$.*

Si l'on emploie les variables d'Euler, les inconnues sont les six fonctions $u, v, w, p, \varrho, \tau$ de x, y, z, t; les équations peuvent s'écrire

$$(4)\quad \begin{aligned} u\frac{\partial u}{\partial x}+v\frac{\partial u}{\partial y}+w\frac{\partial u}{\partial z}+\frac{\partial u}{\partial t} &= X-\frac{1}{\varrho}\frac{\partial p}{\partial x}, \\ u\frac{\partial v}{\partial x}+v\frac{\partial v}{\partial y}+w\frac{\partial v}{\partial z}+\frac{\partial v}{\partial t} &= Y-\frac{1}{\varrho}\frac{\partial p}{\partial y}, \\ u\frac{\partial w}{\partial x}+v\frac{\partial w}{\partial y}+w\frac{\partial w}{\partial z}+\frac{\partial w}{\partial t} &= Z-\frac{1}{\varrho}\frac{\partial p}{\partial z}; \end{aligned}$$

l'équation de continuité est

$$\frac{\partial \varrho}{\partial t}+\frac{\partial(\varrho u)}{\partial x}+\frac{\partial(\varrho v)}{\partial y}+\frac{\partial(\varrho w)}{\partial z}=0.$$

En faisant apparaître les composantes ξ, η, ζ du vecteur tourbillon, les équations peuvent s'écrire

$$\begin{aligned} \frac{\partial u}{\partial t}+2(w\eta-v\zeta) &= X-\frac{1}{2}\frac{\partial q^2}{\partial x}-\frac{1}{\varrho}\frac{\partial p}{\partial x}, \\ \frac{\partial v}{\partial t}+2(u\zeta-w\xi) &= Y-\frac{1}{2}\frac{\partial q^2}{\partial y}-\frac{1}{\varrho}\frac{\partial p}{\partial y}, \\ \frac{\partial w}{\partial t}+2(v\xi-u\eta) &= Z-\frac{1}{\varrho}\frac{\partial q^2}{\partial z}-\frac{1}{\varrho}\frac{\partial p}{\partial z}. \end{aligned}$$

Dans le cas particulier où ϱ est fonction de p, et où les forces sont

---

*Les équations de *A. L. Cauchy* ont une importance capitale en ce sens qu'elles montrent que le tourbillon est indestructible par des forces conservatives. Il ne peut naître ou disparaître que sous l'action du frottement ou de forces non conservatives. Cf. *Maurice Lévy*, Revue gén. sc. 1 (1890), p. 724.*

70) *H. Weber*, J. reine angew. Math. 68 (1868), p. 286/92.

conservatives, elles deviennent[71]):

$$
(5)\qquad
\begin{aligned}
\frac{\partial u}{\partial t} + 2(w\eta - v\zeta) &= \frac{\partial W'}{\partial x},\\
\frac{\partial v}{\partial t} + 2(u\zeta - w\xi) &= \frac{\partial W'}{\partial y},\\
\frac{\partial w}{\partial t} + 2(v\xi - u\eta) &= \frac{\partial W'}{\partial z},
\end{aligned}
$$

en posant

$$W' = V - \int \frac{dp}{\varrho} - \frac{1}{2} q^2.$$

L'élimination de W' entre ces équations donne les équations[72]):

$$
(6)\qquad
\begin{aligned}
\frac{\delta}{\delta t}\left(\frac{\xi}{\varrho}\right) &= \frac{\xi}{\varrho}\cdot\frac{\partial u}{\partial x} + \frac{\eta}{\varrho}\cdot\frac{\partial u}{\partial y} + \frac{\zeta}{\varrho}\cdot\frac{\partial u}{\partial z},\\
\frac{\delta}{\delta t}\left(\frac{\eta}{\varrho}\right) &= \frac{\xi}{\varrho}\cdot\frac{\partial v}{\partial x} + \frac{\eta}{\varrho}\cdot\frac{\partial v}{\partial y} + \frac{\zeta}{\varrho}\cdot\frac{\partial v}{\partial z},\\
\frac{\delta}{\delta t}\left(\frac{\zeta}{\varrho}\right) &= \frac{\xi}{\varrho}\cdot\frac{\partial w}{\partial x} + \frac{\eta}{\varrho}\cdot\frac{\partial w}{\partial y} + \frac{\zeta}{\varrho}\cdot\frac{\partial w}{\partial z},
\end{aligned}
$$

*employées par *H. von Helmholtz* à la démonstration d'importantes propriétés des tourbillons.*

On peut, sous les mêmes hypothèses, trouver trois fonctions φ, λ, Ω de x, y, z, t telles que à chaque instant

$$(7)\qquad u\,dx + v\,dy + w\,dz = d\varphi + \lambda\, d\Omega,$$

et telles que les surfaces

$$\lambda = \text{const.},\quad \Omega = \text{const.}$$

soient constamment formées des mêmes éléments fluides[73]); les intersections de ces surfaces deux à deux sont les lignes de tourbillon[74]).

71) *J. L. Lagrange*, Nouv. Mém. Acad. Berlin 12 (1781), éd. 1783, p. 164/6; Œuvres 4, Paris 1869, p. 709/12.

72) *E. J. Nanson*, Messenger math. (2) 3 (1874), p. 120. *J. L. Lagrange*[71]) a obtenu les équations correspondantes pour un fluide incompressible; indépendamment de lui *G. G. Stokes*, Cambr. Dublin math. J. 3 (1848), p. 209/19; Papers 2, Cambridge 1883, p. 41/4. De même *H. von Helmholtz*, J. reine angew. Math. 55 (1858), p. 33; Wiss. Abh. 1, Leipzig 1882, p. 110.

73) *A. Clebsch*, J. reine angew. Math. 54 (1857), p. 293/312; 56 (1859), p. 1/10. Voir aussi *M. J. M. Hill*, Quart. J. pure appl. math. 17 (1881), p. 1/20; Trans. Cambr. philos. Soc. 14 (1883/9), éd. 1889, p. 1/29. Ces équations ont été appliquées par *A. Clebsch* et aussi par *M. J. M. Hill* au mouvement d'un fluide dans un espace à n dimensions. Relativement à des équations vérifiées par λ dans des cas particuliers, voir *M. J. M. Hill*, Philos. Trans. London 175 (1884), p. 363/409; Proc. London math. Soc. (1) 16 (1884/5), p. 171/83. Pour la transformation (7), voir aussi IV 16, **10**.

74) *Voir plus loin nº **9**.*

Les équations du mouvement admettent l'intégrale suivante, qu'on appelle souvent *équation de pression*[75]):

$$(8)\qquad V-\int\frac{dp}{\varrho}-\frac{1}{2}q^2-\frac{\partial\varphi}{\partial t}-\lambda\frac{\partial\Omega}{\partial t}=F(t),$$

$F(t)$ désignant une fonction arbitraire de t.

Dans le cas d'un mouvement irrotationnel cette équation se réduit à

$$(9)\qquad V-\int\frac{dp}{\varrho}-\frac{1}{2}q^2-\frac{\partial\varphi}{\partial t}=F(t).$$

*Les équations de l'hydrodynamique peuvent s'exprimer au moyen de coordonnées curvilignes quelconques par l'artifice qui permet d'établir les équations de Lagrange relatives au mouvement d'un point matériel. Si x, y, z sont des fonctions données de q_1, q_2, q_3 et t, le carré de la vitesse

$$2T=u^2+v^2+w^2$$

est une forme quadratique en

$$q_1'=\frac{dq_1}{dt},\quad q_2'=\frac{dq_2}{dt},\quad q_3'=\frac{dq_3}{dt}$$

dont les coefficients dépendent de q_1, q_2, q_3, t.

On obtient les équations[76])

$$\frac{\delta}{\delta t}\left(\frac{\partial T}{\partial q_i'}\right)-\frac{\partial T}{\partial q_i}=Q_i-\frac{1}{\varrho}\frac{\partial p}{\partial q_i}\qquad(i=1,2,3);$$

$Q_i\delta q_i$ est l'expression du travail de la force X, Y, Z lorsque la coordonnée q_i de son point d'application varie de δq_i. L'équation de continuité s'écrit

$$\frac{\delta}{\delta t}\left[\varrho\frac{D(x,y,z)}{D(q_1,q_2,q_3)}\frac{D(q_1,q_2,q_3)}{D(q_1^0,q_2^0,q_3^0)}\right]=0;$$

avec les variables de Lagrange q_1^0, q_2^0, q_3^0, t, elle s'écrit

$$\frac{1}{\varrho}\frac{\delta\varrho}{\delta t}+\frac{1}{M}\left[\frac{\partial(Mu_1)}{\partial q_1}+\frac{\partial(Mu_2)}{\partial q_2}+\frac{\partial(Mu_3)}{\partial q_3}+\frac{\partial M}{\partial t}\right]=0,$$

en posant

$$u_i=\frac{\delta q_i}{\delta t};\quad M=\frac{D(x,y,z)}{D(q_1,q_2,q_3)}.*$$

Si par exemple le mouvement est rapporté à des axes Ox, Oy, Oz tournant autour de l'origine avec la vitesse angulaire $(\omega_1, \omega_2, \omega_3)$, la vitesse (u, v, w) d'un élément fluide par rapport aux axes mobiles est

75) *A. Clebsch*[73]) et *M. J. M. Hill*[73]) ont donné l'équation (8). Voir aussi *J. Brill*, Quart. J. pure appl. math. 28 (1896), p. 185/90.

76) *Voir *P. Appell*, Mécanique rationnelle, (1re éd.) 3, Paris 1903, p. 340, 357.* Les équations (5) permettent une transformation en coordonnées curvilignes orthogonales quelconques, voir IV 16, **21b**.

liée à sa vitesse (u', v', w') par rapport aux axes fixes par les relations

$$u' = u + y\omega_3 - z\omega_2,$$
$$v' = v + z\omega_1 - x\omega_3,$$
$$w' = w + x\omega_2 - y\omega_1;$$

si l'on emploie la notation symbolique

$$\frac{\delta}{\delta t} = \frac{\partial}{\partial t} + u'\frac{\partial}{\partial x} + v'\frac{\partial}{\partial y} + w'\frac{\partial}{\partial z},$$

les équations d'Euler prennent la forme[77]):

$$\frac{\delta u}{\delta t} - v\omega_3 + w\omega_2 = \frac{\partial}{\partial x}\left(V - \int\frac{dp}{\varrho}\right).$$

8. Mouvement permanent. Écoulement des fluides[78]). *Par chaque point d'une aire plane infiniment petite passe une trajectoire invariable. L'ensemble de ces trajectoires forme un *filet fluide.** Si les forces sont conservatives et si la densité est fonction de la pression, le premier membre de l'équation de pression

$$V - \int\frac{dp}{\varrho} - \frac{1}{2}q^2$$

conserve la même valeur tout le long d'un même filet, cette constante variant d'ailleurs d'un filet à un autre. *C'est le *théorème de Bernoulli*[26]).* Si de plus le mouvement est irrotationnel, la constante est la même dans toute l'étendue du fluide.

Dans le mouvement permanent d'un liquide incompressible soumis à la pesanteur, le théorème de Bernoulli devient (Oz étant vertical vers le bas)

$$p - \varrho g z + \tfrac{1}{2}\varrho q^2 = c,$$

où c est une constante le long d'un même filet. Cette proposition contient le *théorème de Torricelli* sur l'écoulement des liquides. Ce théorème donne, pour la vitesse d'écoulement d'un liquide par une petite ouverture percée dans la paroi, la formule

$$q = \sqrt{2gh},$$

h étant la distance de l'ouverture à la surface libre.

Dans les expériences sur l'écoulement des liquides, la vitesse moyenne est mesurée dans une section traversant la veine sortante. Le théorème de Torricelli est alors à peu près vérifié si la section est celle d'aire minimée ou *section contractée* (vena contracta). *J. Ch.*

77) *A. G. Greenhill*, Encyclopaedia Britannica (11e éd.) 14, Cambridge 1910, p. 115/35.

78) *H. Lamb*, Hydrodynamics[54]), p. 21/9. Pour l'écoulement par des orifices, voir aussi les articles IV 18 et IV 23.

Borda[79]) a montré que, si la pression est supposée en tout point de l'ouverture égale à la pression d'équilibre, l'aire de la section contractée doit être la moitié de celle de l'ouverture. Mais comme la pression à l'ouverture est, dans tous les cas, un peu inférieure à la pression d'équilibre, le rapport est un peu supérieur à $\frac{1}{2}$. Ce rapport k s'appelle *coefficient de contraction.* L'expérience montre que k dépend de la forme de l'ajutage. Pour une distance h du centre de gravité de l'ouverture à la surface libre la vitesse d'écoulement est

$$\alpha\sqrt{2gh},$$

le coefficient α s'appelle *coefficient d'écoulement.* S'il s'agit d'une ouverture en mince paroi plane, k et α sont voisins respectivement de 0,64 et de 0,62[80]); si un petit ajutage fait saillie dans le liquide (ajutage rentrant), k est presque exactement $\frac{1}{2}$.

Le théorème de Bernoulli s'applique à l'écoulement permanent d'un gaz sortant d'un réservoir[81]) dans lequel la pression est une constante p_0 et la densité une constante ϱ_0; si p_1 est la pression dans l'espace vers lequel s'écoule le gaz, on a alors, en appelant q_1 la vitesse d'écoulement, q_0 la vitesse en un point du gaz éloigné de l'orifice d'écoulement, V_1 et V_0 les valeurs de V en ces deux points,

$$\frac{1}{2}(q_1^2 - q_0^2) = V_1 - V_0 - \int_{p_0}^{p_1} \frac{dp}{\varrho}.$$

Si le réservoir est grand, la vitesse en un point éloigné de l'orifice est faible: prenons $q = 0$; les valeurs de V_1 et V_0 sont négligeables dans le cas de la pesanteur, et on a la formule approchée

$$q_1^2 = 2\int_{p_1}^{p_0} \frac{dp}{\varrho}.$$

**Hypothèse de Navier. C. L. M. H. Navier*[82]) admet que la tempéra-

79) Hist. Acad. sc. Paris 1766, éd. 1769, H. p. 143; M. p. 579. Le résultat a été découvert de nouveau par *G. O. Hanlon* et examiné de plus près par *J. Clerk Maxwell*, Proc. Lond. math. Soc. (1) 3 (1869/71), p. 6/8. Sur la détermination théorique du coefficient de contraction, voir IV 18, n° **1e**.

80) Cf. par. ex. *J. H. Cotterill*, Applied mechanics, (4e éd.) Londres 1895, et *M. Rühlmann*, Hydromechanik[11]).

81) Cf. *H. Lamb* [Hydrodynamics[54]), p. 28] où les résultats obtenus par *B. de Saint-Venant*, et par *P. L. Wantzel*, *B. Hugoniot* et *O. Reynolds* sont brièvement passés en revue.

82) **C. L. M. H. Navier*, Mém. Acad. sc. Institut France (2) 9 (1830), p. 311/78; Résumé des leçons données à l'École des Ponts et Chaussées sur l'application de la mécanique à l'établissement des constructions et des machines 2, Paris 1838,

ture est constante dans le filet: alors le gaz suivrait la loi de Mariotte

$$\varrho = \varrho_0 \frac{p}{p_0}$$

et on aurait

$$q_1^2 = 2 \frac{p_0}{\varrho_0} \log_e \frac{p_0}{p_1}.$$

Mais cette hypothèse simple est trop loin de la réalité, celle de *G. Zeuner* s'en rapproche davantage.

Hypothèse de Zeuner. *G. Zeuner*[83]) admet que le gaz ne gagne ni ne perd de chaleur, c'est-à-dire que la transformation est *adiabatique.*

Dans ce cas on a les relations

$$p = p_0 \left(\frac{\varrho}{\varrho_0}\right)^\gamma, \quad \varrho = \varrho_0 \left(\frac{p}{p_0}\right)^{\frac{1}{\gamma}},$$

et, en désignant par C_0 la vitesse du son dans le gaz considéré à la pression p_0 et à la densité ϱ_0, $C_0^2 = \gamma \frac{p_0}{\varrho_0}$, on trouve

$$q_1^2 = \frac{2 C_0^2}{\gamma - 1} \left[1 - \left(\frac{p_1}{p_0}\right)^{\frac{\gamma-1}{\gamma}}\right].*$$

La masse qui dans l'unité de temps traverse l'unité d'aire de la section contractée est alors

$$q_1 \varrho_1$$

ou, en remplaçant ϱ_1 par sa valeur $\varrho_0 \left(\frac{p_1}{p_0}\right)^{\frac{1}{\gamma}}$,

$$\left(\frac{2}{\gamma - 1}\right)^{\frac{1}{2}} C_0 \varrho_0 \left\{ \left(\frac{p_1}{p_0}\right)^{\frac{2}{\gamma}} - \left(\frac{p_1}{p_0}\right)^{\frac{\gamma+1}{\gamma}} \right\}^{\frac{1}{2}}.$$

Ce résultat n'est valable que si

$$\frac{p_1}{p_0} > \left[\frac{2}{\gamma + 1}\right]^{\frac{\gamma}{\gamma - 1}}.$$

S'il n'en est pas ainsi, il existe un point voisin de l'orifice où la vitesse est la vitesse du son correspondant à la pression et à la densité en ce point, la section du jet à cette place est minimée et le débit est[84])

$$\left(\frac{2}{\gamma + 1}\right)^{\frac{1}{2}} C_0.$$

---

p. 121 [leçons sur le mouvement et la résistance des fluides]; Résumé des leçons de mécanique données à l'École polytechnique, Paris 1841, p. 471.*

83) **G. Zeuner*, Grundzüge der mechanischen Wärmetheorie, (1re éd.) Freiberg 1860, p. 50; (2e éd.) Leipzig 1866, p. 130.*

84) *Voir *E. Sarrau*, Cours de l'École polytechnique (lithographié), Paris 1900, p. 151/3.*

E. R. Neumann[85]) a donné une méthode permettant d'étudier tout mouvement permanent à deux dimensions d'un fluide (sans forces s'il s'agit d'un gaz) au moyen d'une seule fonction Φ qu'il appelle *fonction de courant* (Strömungsfunktion). Si ce mouvement s'effectue sans forces parallèlement au plan des xy et si u, v, 0 désignent les composantes de la vitesse d'un point, *E. R. Neumann* pose

$$\varrho u^2 = U^2, \quad \varrho v^2 = V^2,$$

$$(1) \qquad UV = 2\Phi''_{xy}, \quad p + U^2 = -2\Phi''_{y^2}, \quad p + V^2 = -2\Phi''_{x^2}.$$

Ces équations jointes à la relation de continuité

$$\varrho = f(p)$$

déterminent ϱ, p, u, v en fonction des dérivées de Φ. L'équation différentielle déterminant Φ est

$$(2) \quad U\frac{\partial\Delta}{\partial x} + V\frac{\partial\Delta}{\partial y} - \frac{d(\log\varrho)}{dp}[U^3\Phi'''_{x^3} + 3U^2V\Phi'''_{x^2y} + 3UV^2\Phi'''_{xy^2} + V^3\Phi'''_{y^3}] = 0,$$

Δ étant mis pour $\Delta\Phi$.

Φ doit de plus vérifier le long de la surface limite la condition

$$\frac{\partial^2\Phi}{\partial\nu\,\partial\tau} = 0,$$

si cette limite est fixe, $\partial\nu$ étant l'élément de normale, $\partial\tau$ l'élément de tangente à la section droite.

Dans le cas d'un fluide incompressible l'équation (2) se réduit à

$$U\frac{\partial\Delta}{\partial x} + V\frac{\partial\Delta}{\partial y} = 0.$$

Φ n'est déterminé qu'à $c(x^2+y^2) + ax + by + d$ près, a, b, c, d étant des constantes arbitraires.

La valeur du tourbillon est

$$\xi = \frac{1}{2\varrho u}\frac{\partial\Delta}{\partial y} = -\frac{1}{2\varrho v}\frac{\partial\Delta}{\partial x}.$$

Si le mouvement est tourbillonnaire, les trajectoires sont

$$\Delta\Phi = \text{const.},$$

s'il est irrotationnel, l'équation (2) se réduit à $\Delta\Phi = 0$.

La comparaison de cette méthode[86]) à celle du potentiel des vitesses φ donne un procédé très général pour ramener la solution de l'équation $\Delta\Phi = 0$, avec les conditions aux limites $\frac{\partial^2\Phi}{\partial\nu\,\partial\tau} = 0$, à la solution de l'équation $\Delta\Phi = 0$ avec la condition aux limites $\frac{\partial\varphi}{\partial\nu} = 0$.

85) J. reine angew. Math. 132 (1907), p. 189/215.

86) La méthode de résolution des problèmes d'hydrodynamique au moyen du potentiel des vitesses sera exposée dans l'article IV 18. Pour la comparaison de cette méthode et de celle de *E. R. Neumann* voir, dans cet article IV 18, ce qui se rapporte aux mouvements à deux dimensions.

E. R. Neumann applique cette méthode au domaine compris entre deux cylindres elliptiques homofocaux. S'il s'agit d'un liquide en mouvement sous l'action de forces dépendant d'un potentiel W, il suffit de remplacer dans ce qui précède p par

$$p + \varrho W.$$

La méthode précédente est susceptible d'être étendue: ϱ peut dépendre de la température, d'où un moyen de traiter les problèmes relatifs aux gaz en tenant compte de la conductibilité de la chaleur, etc. On peut aussi facilement tenir compte de la viscosité. Enfin on peut appliquer la méthode aux mouvements non permanents à une dimension.*

9. Circulation. Propriétés élémentaires des tourbillons[87]. *Ce qui suit [n° 9] s'applique à un fluide parfait dans lequel la densité est fonction de la pression, et qui est soumis à des forces dérivant d'une fonction de forces univoque V.*

L'intégrale curviligne

$$\int u\,dx + v\,dy + w\,dz,$$

étendue à une ligne tracée dans le fluide à un instant donné t, s'appelle *circulation* le long de cette ligne à l'instant t[88]. *W. Thomson* a démontré que la circulation le long d'une courbe fermée qui est constamment formée des mêmes éléments fluides est indépendante du

---

87) *Jusqu'à *H. von Helmholtz*, aucune recherche sérieuse n'avait été faite sur les mouvements tourbillonnaires. Son mémoire: Ueber Integrale der hydrodynamischen Gleichungen, welche den Wirbelbewegungen entsprechen [J. reine angew. Math. 55 (1858), p. 25/55; Wiss. Abh. 1, Leipzig 1882, p. 101/34] peut être considéré comme le pas le plus important fait en hydrodynamique au cours du 19ième siècle. *W. Thomson* [On vortex-motion, Trans. R. Soc. Edinb. 25 (1869), p. 217/60 [1867]; Papers 4, Cambridge (Londres) 1910, p. 13/66] reprit le même sujet et établit la théorie des *mouvements cycliques.*

A signaler les importantes recherches de *G. Kirchhoff*, *J. W. Strutt* (lord *Rayleigh*), *W. M. Hicks*, *J. J. Thomson*, *W. Thomson*; voir à ce sujet IV 18, 3.

Maurice Lévy [Revue gén. sc. 1 (1890), p. 721] a remarqué que les équations données par *A. L. Cauchy* [Mém. présentés Acad. sc. Paris (2) 1 (1827), p. 42 (prix d'Analyse math. de 1815); Œuvres (1) 1, Paris 1882, p. 40] renferment tous les éléments de la théorie des tourbillons et sont analogues à celles que *G. Kirchhoff* a employées plus tard sans connaître ce mémoire.

Pour l'exposé de la théorie des tourbillons, consulter *G. Kirchhoff*, Mechanik[31]), (3e éd.) p. 164/72, 251/72; *A. B. Basset*, Hydrodynamics[35]) 1, p. 62/88; *M. Brillouin*, Recherches récentes sur diverses questions d'hydrodynamique 1, Tourbillons, Paris 1891; Ann. Fac. sc. Toulouse (1) 1 (1887) revue de physique, p. 1/80; *H. Poincaré*, Théorie des tourbillons, réd. par *M. Lamotte*, Paris 1893; *P. Appell*, Traité de mécanique rationnelle, (2e éd.) 3, Paris 1909, p. 389/457.*

88) *W. Thomson*, On vortex-motion[87]); *H. Lamb*, Hydrodynamics[54]), p. 35.

temps. Cette proposition contient le théorème de Lagrange d'après lequel un mouvement irrotationnel à un instant donné reste irrotationnel indéfiniment[89].

Un fluide parfait en mouvement se compose donc de deux parties, dont l'une est animée d'un mouvement constamment irrotationnel, l'autre d'un mouvement constamment tourbillonnaire.

Dans la portion de fluide en mouvement irrotationnel, la différence entre les valeurs du potentiel des vitesses en deux points est égale à la circulation le long d'une courbe arbitraire joignant les deux points dans le fluide. Si cette portion de fluide occupe une région R simplement connexe, la circulation le long d'une ligne fermée reste invariable quand on déforme cette ligne de manière continue sans la faire sortir de cette région R; elle est donc nulle, et le potentiel des vitesses est uniforme. Si l'ordre de connexion[90] de cette région R est plus élevé $(n+1)$, on peut y tracer n courbes fermées ne se recoupant pas, telles que toute courbe fermée ne se recoupant pas tracée dans le fluide puisse se ramener par déformation continue à une ou plusieurs de ces n courbes, chacune d'elles étant décrite un certain nombre de fois dans un sens ou dans l'autre. Les circulations le long de ces n courbes sont des constantes $\varkappa_1, \varkappa_2, \ldots, \varkappa_n$ appelées *constantes cycliques*[91]. Le long d'une courbe fermée arbitraire, la circulation est

$$a_1\varkappa_1 + a_2\varkappa_2 + \cdots + a_n\varkappa_n,$$

$a_1, a_2, \ldots, a_n$ étant des entiers positifs ou négatifs. Le potentiel des vitesses est une fonction multiforme[82] dont les différentes valeurs en un même point diffèrent de[79]

$$a_1\varkappa_1 + a_2\varkappa_2 + \cdots + a_n\varkappa_n.$$

De tels mouvements sont dits *cycliques*, les autres relatifs à un potentiel de vitesses uniforme sont dits *acycliques*.

Dans la partie du fluide qui est contamment animée d'un mouvement tourbillonnaire, les *lignes de tourbillon* à l'instant t sont les lignes tangentes en chacun de leurs points au vecteur-tourbillon correspondant à ce point et à l'instant t [n° 6]; elles ont pour équations

$$\frac{dx}{\xi} = \frac{dy}{\eta} = \frac{dz}{\zeta},$$

---

89) *Voir note 69.* Sur la production de tourbillons, si les conditions précédentes ne sont pas remplies, voir *J. R. Schütz*, Ann. Phys. und Chemie, Dritte Folge 56 (1895), p. 144/5; *L. Silberstein*, Bull. intern. Acad. sc. Cracovie 1896, éd. 1897, p. 280/90; *V. Bjerknes*, Physikalische Zeitschrift 1 (1899/1900), p. 595/7.

90) Voir à sujet le premier volume du tome III de l'Encyclopédie.

91) *H. von Helmholtz*, J. reine angew. Math. 55 (1858), p. 26; Wiss. Abh. 1, Leipzig 1882, p. 103.

où t est traité comme une constante; on appelle *surfaces de tourbillon* les surfaces lieux de lignes de tourbillon. La surface formée par les lignes de tourbillon s'appuyant sur un contour fermé est un *tube de tourbillon.*

D'après le théorème de Stokes[92]), la circulation le long d'un contour fermé est égale à l'intégrale de surface des composantes normales des vecteurs-tourbillons étendue à une surface arbitraire simplement connexe limitée à ce contour.

Les règles suivantes du mouvement tourbillonnaire ont été données par *H. von Helmholtz*[93]):

1°) Les éléments fluides qui à un instant constituent une ligne de tourbillon constituent à tout autre instant une ligne de tourbillon.

2°) La circulation le long d'un contour fermé tracé sur un tube de tourbillon et entourant une fois le tube est indépendante du contour, elle est aussi constante dans le temps; on l'appelle *moment* ou *intensité* du tube.

3°) Un tube de tourbillon se ferme sur lui-même ou s'étend jusqu'à la paroi, ou jusqu'aux surfaces de discontinuité.

Ces règles sont les théorèmes fondamentaux de l'hydrodynamique, elles contiennent le théorème de Lagrange.

La portion de fluide intérieure à un tube de tourbillon de petite section est un *filet de tourbillon (Wirbelfaden)*; son moment est le produit de sa section par la valeur correspondante du vecteur-tourbillon.

Ce vecteur-tourbillon en un point est généralement fini; cependant il est intéressant de considérer aussi des cas limites présentant des filets de tourbillon isolés, de section infiniment petite et de moment fini.

On peut aussi considérer le cas de deux surfaces de tourbillon infiniment voisines et telles qu'en chaque point le produit du vecteur-tourbillon par la distance des deux surfaces soit fini. Des surfaces le long desquelles la vitesse est discontinue[93]), servent de supports à des *couches de tourbillon* de ce genre[94]).

10. Conservation de l'énergie. Soit S une surface fermée fixe dans le fluide. La variation d'énergie de la masse fluide intérieure à S dans un petit intervalle de temps dt est déterminée par l'équation[95])

92) Cf. II 4 et IV 16, 5.

93) Voir IV 18, 1e.

94) *H. von Helmholtz*, Monatsb. Akad. Berlin 1868, p. 215; Wiss. Abh. 1, Leipzig 1882, p. 146; cf. IV 16.

95) *H. Lamb*, Hydrodynamics[54]), p. 11.

$$\frac{\partial}{\partial t}\iiint \frac{1}{2}\varrho q^2 dx dy dz = \iint \frac{1}{2}\varrho q^2(lu + mv + nw)\, dS$$
$$+ \iint p(lu + mv + nw)\, dS$$
$$+ \iiint \varrho(Xu + Yv + Zw)\, dx dy dz$$
$$+ \iiint p\Theta\, dx dy dz;$$

l, m, n désignent les cosinus directeurs de la normale intérieure à S. La dernière intégrale multipliée par dt représente le travail, pendant l'intervalle dt, des pressions intérieures par suite de la dilatation; si p est une fonction uniforme de ϱ, cette intégrale donne la quantité dont diminue l'énergie potentielle de compression pendant cet intervalle.

Si les forces extérieures sont conservatives, il n'y a pas eu de perte d'énergie.

Le fait qu'un mouvement irrotationnel reste irrotationnel, le fait qu'une ligne de tourbillon reste constamment ligne de tourbillon, le fait que des ondes de forme invariable peuvent se propager sans diminution de hauteur, le fait que la résistance exercée par un fluide parfait sur un corps mobile dans son sein équivaut à une simple modification de l'inertie du corps, tous ces faits fondamentaux sont étroitement liés à la conservation de l'énergie dans le mouvement d'un fluide parfait[96]).

11. Notion de viscosité[97]). L'idée que les mouvements des fluides, dans le voisinage des corps avec lesquels ils sont en contact, sont ralentis par des actions analogues au frottement résulte des observations suivantes:

1°) La vitesse d'une veine liquide s'écoulant par un orifice est un peu inférieure à celle que donne le théorème de Torricelli;

2°) La vitesse de l'eau qui coule dans un tuyau incliné ou dans un canal est à peu près la même dans les différentes sections.

Dans le premier cas ce ralentissement fut attribué à la résistance de l'air[98]); dans le second on admit que le frottement du

96) Voir pour plus de précision l'article IV, 18.

97) *Voir *J. Boussinesq*, Mémoire sur l'influence des frottements dans les mouvements réguliers des fluides [J. math. pures appl. (2) 13 (1868), p. 377/424]; *A. B. Basset*, Hydrodynamics[38]) 2, Cambridge 1888, p. 232; *M. Brillouin*, Leçons sur la viscosité des liquides et des gaz, Paris 1907; *A. Boulanger*, Hydraulique générale 1, Paris 1909.*

98) *E. Mach*, Die Mechanik[1]), (4e éd.) p. 378; La mécanique[1]), p. 381/96: La perte de vitesse signalée dans le texte porte en elle la différence qui existe entre les coefficients d'écoulement et de contraction [n° 8].

liquide sur les parois compense l'action accélératrice de la pesanteur[99]).

Diverses théories furent imaginées pour essayer de rendre compte de la nature et des effets du frottement des fluides[100]), les unes basées sur des considérations relatives à la constitution moléculaire de la matière, les autres sur la distribution des efforts dans un milieu continu.

I. Newton[101]), dans sa théorie de la circulation des liquides incompressibles, introduisit la notion d'une résistance intérieure, proportionnelle à la vitesse relative, entre les éléments liquides glissant les uns sur les autres. *C. L. M. H. Navier*[102]) donna le premier les équations différen-

99) *Ch. Bossut* [Traité théorique et expérimental d'hydrodynamique 1, Paris 1786, p. 414/22; 2, Paris 1787, p. 270] a exprimé clairement cette idée. Mais elle avait déjà été indiquée par *J. d'Alembert* [Traité de l'équilibre et du mouvement des fluides, Paris 1744; (2e éd.) Paris 1770, p. 113/7] et, d'une manière moins précise, dans son Essai d'une nouvelle théorie de la résistance des fluides, Paris 1752, p. 185/9. On trouvera un historique détaillé dans *M. Rühlmann*, Hydromechanik[21]), (2e éd.) Hanovre 1880.

G. G. Stokes, Trans. Cambr. philos. Soc. 8 (1842/49), éd. 1849, p. 288 [1845]; Papers 1, Cambridge 1880, p. 76] fait remarquer les difficultés qui se présentent lorsqu'on cherche une théorie rationnelle du mouvement de l'eau dans un canal incliné.

100) *C. L. M. H. Navier*, Mém. Acad. sc. Institut France (2) 6 (1823), éd. 1827, p. 389; *S. D. Poisson*, J. Éc. polyt. (1) cah. 20 (1831), p. 139; *Barré de Saint Venant*, C. R. Acad. sc. Paris 17 (1843), p. 1240; *O. E. Meyer*, Über die Reibung der Flüssigkeiten [J. reine angew. Math. 59 (1861), p. 229; 78 (1874), p. 130; 80 (1875), p. 315/6]; *J. Stefan*, Über die Bewegung flüssiger Körper [Sitzgsb. Akad. Wien 46 II (1862), p. 8/31; *J. Clerk Maxwell*, „On the dynamical theory of gases", Philos. Trans. London 157 (1867), p. 81; London Edinb. Dublin philos. mag. (4) 19 (1860), p. 19/32; (4) 20 (1860), p. 21/37; Papers 2, Cambridge 1890, p. 26/78; *Maurice Lévy*, C. R. Acad. sc. Paris 68 (1869), p. 582; *Ch. Kleitz*, C. R. Acad. sc. Paris 74 (1872), p. 426; *J. G. Butcher*, „On viscous fluids in motion", Proc. London math. Soc. (1) 8 (1876/7), p. 103/35. Les trois premiers mémoires sont analysés dans *G. G. Stokes*, Report Brit. Assoc. 16, Southampton 1846, éd. Londres 1847, p. 1/20; Papers 1, Cambridge 1880, p. 157/87; les autres dans *W. M. Hicks*, On recents progress in hydrodynamics, Report Brit. Assoc. 51, York 1881, éd. Londres 1882, p. 57/88; 52, Southampton 1882, éd. Londres 1883, p. 39/70. Voir une autre théorie de la viscosité de *P. Duhem*, C. R. Acad. sc. Paris 135 (1902), p. 1088. Dans ce même tome 135 des Comptes-rendus, voir plusieurs articles généraux du même auteur sur les fluides visqueux.*

101) Principia math.[7]), livre 2, section 9; (2e éd.), p. 345; Opera, éd. *S. Horsley* 2, p. 447; trad. marquise *du Châtelet* 1, p. 413.

„Hypothesis: Resistentiam, quae oritur ex defectu lubricitatis partium fluidi, caeteris paribus, proportionalem esse velocitati, qua partes fluidi separantur ab invicem."

102) Mém. Acad. sc. Institut France (2) 6 (1823), éd. 1827, p. 389/440.

tielles du mouvement dans le cas d'un fluide incompressible homogène. *Il supposa des actions intermoléculaires fonctions de la distance et de la vitesse avec laquelle les molécules agissantes s'éloignent ou se rapprochent les unes des autres. Les équations auxquelles il parvint s'obtiennent en remplaçant dans les équations ordinaires de l'hydrodynamique

$$\frac{\partial p}{\partial x}, \quad \frac{\partial p}{\partial y}, \quad \frac{\partial p}{\partial z}$$

par

$$\frac{\partial p}{\partial x} - A\Delta u, \quad \frac{\partial p}{\partial y} - A\Delta v, \quad \frac{\partial p}{\partial z} - A\Delta w,$$

A dépendant de la nature du fluide.*

S. D. Poisson[100]) partit d'hypothèses tout à fait différentes, introduisant des actions intermoléculaires du même genre que celles qui fixent les pressions dans les solides élastiques[103]). *Les équations qu'il obtint pour le cas d'un liquide incompressible et d'un fluide élastique dont la densité varie peu, s'obtiennent en remplaçant dans les équations ordinaires de l'hydrodynamique

$$\frac{\partial p}{\partial x}, \quad \frac{\partial p}{\partial y}, \quad \frac{\partial p}{\partial z}$$

par

$$\frac{\partial p}{\partial x} - A\Delta u - B\frac{\partial \Theta}{\partial x}, \quad \frac{\partial p}{\partial y} - A\Delta v - B\frac{\partial \Theta}{\partial y}, \quad \frac{\partial p}{\partial z} - A\Delta w - B\frac{\partial \Theta}{\partial z},$$

A et B étant des constantes dépendant de la nature du fluide. Dans le cas d'un fluide incompressible, ces équations sont d'accord avec celles de *C. L. M. H. Navier.**

B. de Saint Venant[100]) reprit le problème à un point de vue différent en précisant l'hypothèse introduite par *I. Newton*, et montra que les équations de *C. L. M. H. Navier* pour les fluides incompressibles peuvent s'obtenir sans considérer les actions intermoléculaires. D'après cette hypothèse il fut amené à considérer l'effort le long d'un petit élément plan contenant un point donné comme résultant

1°) d'une pression normale p indépendante de l'orientation de l'élément,

2°) d'un effort oblique remplissant les conditions suivantes[104]): la

103) Voir à ce sujet l'article IV, 24.

104) La démonstration repose sur les deux points suivants:

1°) D'après l'hypothèse de *I. Newton*, le fait que la composante v de la vitesse dépend de z provoque sur le plan $z = \text{const.}$ un effort tangentiel parallèle à oy et de valeur $\mu \frac{\partial v}{\partial z}$, c'est-à-dire que p_{yz} contient un terme $\mu \frac{\partial v}{\partial z}$;

2°) d'après un théorème général sur les efforts, un effort égal s'exerce sur

somme des composantes normales sur trois plans rectangulaires est nulle; si l'élément plan est parallèle au plan des xy, la composante suivant ox de cet effort supplémentaire est égale au produit de la vitesse de glissement correspondante, soit $2g$, par un coefficient μ.

G. G. Stokes[105]) parvint aux mêmes résultats en supposant que les six composantes du système additionnel d'efforts sont des fonctions linéaires des quantités a, b, c, f, g, h. Il remarqua d'abord, pour appuyer cette hypothèse, que dans le mouvement relatif d'un fluide au voisinage d'un point, la rotation composante ne peut provoquer de frottements internes, de sorte que ces efforts additionnels ne dépendent que des autres composantes du mouvement relatif. Il expliqua par des considérations moléculaires la forme linéaire de ces relations entre les composantes additionnelles de l'effort et les composantes de la vitesse de déformation. *Cette forme linéaire peut aussi se justifier en développant les six composantes des efforts additionnels par la formule de Maclaurin et supposant le cas où les vitesses u, v, w et leurs dérivées par rapport à x, y, z sont assez petites pour qu'on puisse négliger les carrés et les produits de ces dérivées. Le fluide étant de plus supposé isotrope, on obtient ainsi pour les composantes de l'effort total les expressions:*

$$(1)\qquad \begin{cases} p_{xx} = -p + \lambda\Theta + 2\mu a, & p_{yz} = p_{zy} = 2\mu f, \\ p_{yy} = -p + \lambda\Theta + 2\mu b, & p_{zx} = p_{xz} = 2\mu g, \\ p_{zz} = -p + \lambda\Theta + 2\mu c, & p_{xy} = p_{yx} = 2\mu h. \end{cases}$$

*Si enfin on introduit l'hypothèse que, lorsqu'un élément fluide se dilate également dans toutes les directions, les composantes normales de l'effort total deviennent égales à la pression p, on obtient entre les deux coefficients λ et μ la relation

$$3\lambda + 2\mu = 0.^*$$

Les formules précédentes ne dépendent plus que du seul coefficient μ appelé *coefficient de viscosité*[106]):

---

le plan $y =$ const. parallèlement à oz. Par symétrie la composante p_{yz} doit contenir le terme $\mu \dfrac{\partial w}{\partial y}$.

105) *G. G. Stokes*, Trans. Cambr. philos. Soc. 8 (1842/9), éd. 1849, p. 287/319 [1845]; Papers 1, Cambridge 1880, p. 75/129. Voir aussi *G. G. Stokes*, Report Brit. Assoc. 16, Southampton 1846, éd. Londres 1847, p. 1/20; Papers 1, Cambridge 1880, p. 157/87. Les choses sont présentées autrement dans *W. Voigt* [Compendium der theoretischen Physik 1, Leipzig 1895] en ce sens qu'il utilise deux coefficients de viscosité, provenant d'une autre définition de la pression p. Au sujet des discussions, auxquelles les équations de *B. de Saint Venant* et de *G. G. Stokes* ont donné lieu, voir *W. M. Hicks*, Report Brit. Assoc. 51, York 1881, éd. Londres 1882, p. 57/88.

106) *En France ce coefficient de viscosité est généralement désigné par ε,

www.ingramcontent.com/pod-product-compliance
Ingram Content Group UK Ltd.
Pitfield, Milton Keynes, MK11 3LW, UK
UKHW022119190726
13855UKWH00003B/961

9 782013 43584